自 然 文 库
N a t u r e
S e r i e s

HOW TO TAME A FOX (AND BUILD A DOG)

VISIONARY SCIENTISTS AND A SIBERIAN TALE OF JUMP-STARTED EVOLUTION

驯狐记

西伯利亚的跳跃进化故事

〔美〕李·阿兰·杜盖金　〔俄〕柳德米拉·特鲁特 著

孙思清　柯遵科 译

图1　在新西伯利亚市郊的狐狸养殖场，一只驯化的狐狸享受着夏日的树荫。

图源：伊琳娜·穆哈梅德希纳（Irena Mukhamedshina）

图 2　一只对世界充满好奇的驯化狐狸躲在草丛后面偷偷观察。

图源：伊琳娜·穆哈梅德希纳

图 3　一只驯化狐狸趴着休息。西伯利亚的冬天非常冷，夏天又非常热。

图源：伊琳娜·皮沃瓦洛娃（Irina Pivovarova）

图 4　一只驯化的幼狐正在玩耍。图源：阿纳斯塔西娅·哈拉莫娃（Anastasia Kharlamova）

图 5　一只驯化的狐狸将头靠在狐狸实验团队成员的肩膀上。在狐狸实验早期，温顺的狐狸与人类之间就开始形成情感联系。图源：伊琳娜·皮沃瓦洛娃

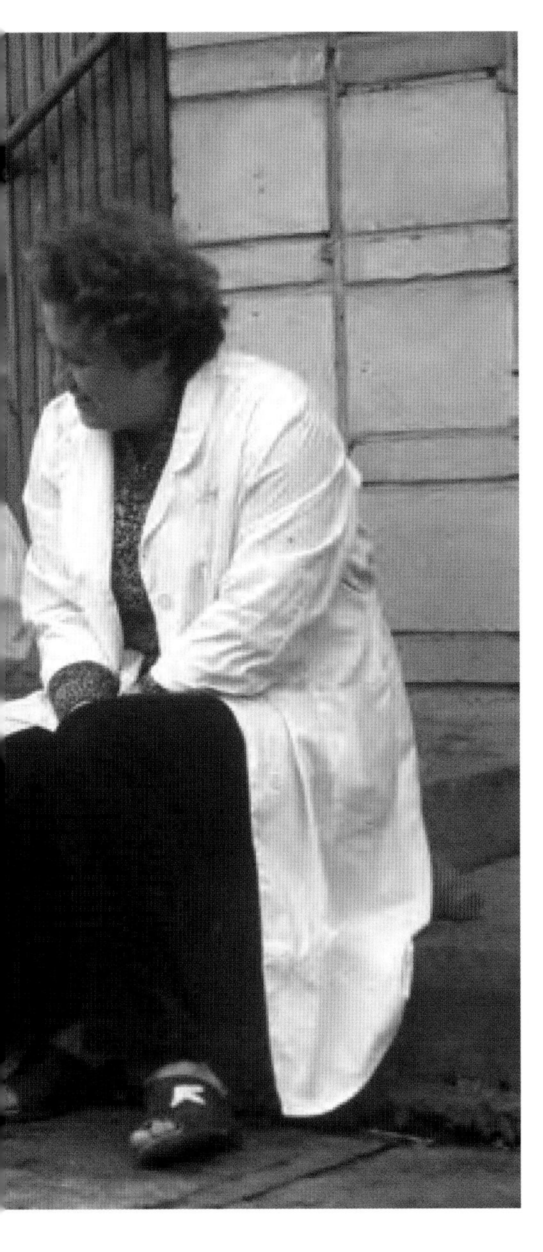

图6　从左到右：柳德米拉·特鲁特、奥布里·曼宁、德米特里·别利亚耶夫、加莱纳·基塞列娃。他们坐在一张长凳上，面前蹲着一只温顺的狐狸。很多年前，也是在这张长凳上，柳德米拉目睹了普什辛卡向“入侵者”狂吠。
图源：奥布里·曼宁

图 7　两只驯化的狐狸，其中一只嘴里叼着气球。几乎只要是能叼到嘴里的东西它们都会拿来玩。图源：安娜・库凯科娃（Anna Kukekova）

图 8　两只驯化的狐狸在冬天的雪堆里玩耍。
图源：亚伦·杜盖金（Aaron Dugatkin）

图 9　两名工人运送养殖场中驯化的狐狸。狐狸养殖场的冬天可能会短暂而寒冷。

图源：亚伦 · 杜盖金

图 10　伊琳娜·穆哈梅德希纳带着两只驯化的狐狸散步。偶尔，温顺的狐狸会让人牵着四处溜达，表现与狗惊人地相似。图源：阿纳斯塔西娅·哈拉莫娃（Anastasia Kharlamova）

图 11　一只漂亮的驯化狐狸。图源：俄罗斯细胞学和遗传学研究所

图 12　柳德米拉・特鲁特和她心爱的驯化狐狸。图源：瓦西里・科瓦里（Vasily Kovaly）

图 13　一只驯化的幼狐在室外悠闲地散步。图源：伊琳娜・穆哈梅德希纳

图 14　驯化的幼狐和伊琳娜・穆哈梅德希纳在一起。图源：伊琳娜・穆哈梅德希纳

图15　塔贾娜·塞门诺娃（Tatjana Semenova）抱着两只驯化的幼狐。
图源：弗拉基米尔·诺维科夫（Vladimir Novikov）

图 16　三只可爱的驯化幼狐紧挨着坐在草地上。图源：伊琳娜 · 皮沃瓦洛娃

谨以此书献给德米特里·别利亚耶夫（Dmitri Belyaev），

他是一位目光远大的科学家、魅力超凡的领导者，

更重要的是他有善良的品格。

目 录

序言

为什么狐狸不能更像狗呢？

设想一下，你要从头开始培养一条完美的狗，那么这个“完美”配方的关键要素是什么呢？忠诚和聪明是必需的。还要可爱，或许有一双温柔的眼睛、卷起来的毛茸茸的尾巴，一见到你就高兴地摇。你可能也不会拒绝杂种狗那种杂色的皮毛，那就像是在宣告“我可能不漂亮，但你懂的，我爱你，我需要你”。

不过，你不必大费周章，柳德米拉·特鲁特和德米特里·别利亚耶夫已经替你培育出了完美的狗。只不过它并不是狗，而是狐狸——驯化的狐狸。他们用了不到 60 年，以难以置信的速度创造出了一种全新的生物——相比我们的祖先将狼驯化成狗的时间，几乎就是一眨眼的工夫。整个过程在严寒刺骨、常年处于 -40℃的西伯利亚完成。柳德米拉（在她之前还有德米特里）在做有史以来最漫长、最不可思议的一项动物行为和进化实验。实验结果是一群驯化的小狐狸，它们会舔你的脸，可爱得让人心都化了。

关于狐狸驯化实验的文章已经有很多，但本书是第一次完整地讲述这个故事。故事里有可爱的狐狸、科学家、饲养员（通常是穷苦的本地人。他们即便并不完全理解自己的工作，也会全力以赴），有实验、政治阴谋、悲剧和近乎悲剧的事、爱情故事和幕后活动。这些都将在书中呈现。

这一切始于20世纪50年代，直到今天还在继续。但让我们先回到1974年。

那年春天，一个晴朗干冷的早晨，阳光照耀着尚未消融的冬雪。柳德米拉搬进西伯利亚狐狸实验养殖场边上的一间小屋，同住的有一只特别小的狐狸，俄语名字叫“普什辛卡”（Pushinka，意思是“小毛球”）。普什辛卡是一只漂亮的雌狐，有一双锐利的黑眼睛和末端泛银色的黝黑皮毛，沿着左脸颊还有一条白色条纹。它刚过完一岁生日，温顺的性格和像狗一样的示爱方式让它深受狐狸养殖场全体人员的喜爱。与柳德米拉合作的科学家德米特里·别利亚耶夫也是她的导师，二人认为时机已经成熟，可以看看普什辛卡是否已经足够温顺，可以自然地完成一次巨大飞跃，成为真正的家养动物。这只小狐狸真的能和人住在一起吗？

德米特里·别利亚耶夫是一位很有远见的科学家，作为遗传学家为苏联至关重要的皮草产业工作。在他的职业生涯之初，遗传学研究是被严格禁止的。他不得不接受皮草动物育种的工作，这样他才能在这项职务的掩护下从事研究。普什辛卡出生的22年前，别利亚耶夫启动了动物行为研究中前所未有的一项实验。他开始养育一些温顺的狐狸，试图模拟将狼驯化成狗的过程。他选择以银狐来替代狼，这种动物在遗传学上是狼的近亲。如果他能彻底把狐狸变得像狗一样，就有可能解开长久以来的谜题：驯化是如何产生的？也许他甚至会得出关于人类进化的重要观点——毕竟我们本质上是驯化的猿。

化石可以为物种驯化出现的时间和地点提供线索，并让人大致了解动物逐渐变化的各个阶段。但是，化石无法解释驯化最初是如何启动的。凶猛的野兽本来非常讨厌与人类接触，后来怎么变得温顺，让人类祖先能饲养它们？我们野性难驯的祖先又是怎样开始向现代人类转变的？通过养殖去除动物野性的实验，或许可以回答这些问题。

德米特里的实验非常大胆。通常认为，物种的驯化是逐渐发生的，至少需要几千年时间。即便实验已经进行了几十年，又能指望有什么重大成果呢？然而，出现了一只叫普什辛卡的小狐狸。它太像小狗了——只要一叫它，它就会跑过来；不用拴绳，它就会乖乖在养殖场范围内活动。工人干活时，普什辛卡甚至会跟在身边。它还喜欢和柳德米拉在安静的小路散步，沿着养殖场走在新西伯利亚市郊区外围。而普什辛卡仅仅是科学家们以温顺为目标选育的几百只狐狸中的一只。

柳德米拉搬到养殖场边上的房子里和普什辛卡同住，将狐狸实验推进到了史无前例的地步。他们在 15 年间以温顺为目标对狐狸进行的遗传选择显然有了收获。现在，德米特里和柳德米拉想要探明，普什辛卡能否通过与柳德米拉同住而建立一种特殊关系，就像狗与它们的主人一样。除了家养宠物，大多数驯化的动物与人类的关系并不亲密。到目前为止，还是狗对主人的感情最强烈、忠诚度最高。是什么导致这样的差异？人与动物之间的感情是长时间培养出来的吗？抑或，这种对人的亲近可以是一种迅速出现的变化，就像柳德米拉和别利亚耶夫在狐狸身上看到的诸多其他变化一样？一只如此驯服的狐狸能自然而然地和人一起生活吗？

柳德米拉第一眼看到普什辛卡，就选了它作为同伴。那时，它只有三周大，还在和兄弟姐妹们一起玩耍。柳德米拉一和普什辛卡对视，就感受到了一种强烈的吸引力，非以往任何一只狐狸可比。普什辛卡与人接触也表现出极大的热情。每当柳德米拉或养殖场里的其他人出现时，它就会激动地狂摇尾巴，还会高兴地哼唧，急切地抬头看着人们，非常明显想让他们停下来摸摸它。谁能忍住不摸摸它就走过去呢？

在普什辛卡一岁可以交配并怀孕之后，柳德米拉决定将它移到屋子里一起住。这样一来，柳德米拉不仅能观察到普什辛卡如何适应与她一起生活，还能观察到在人类陪伴下出生的幼崽是否会与养殖场里出生的其他幼崽有不同的社会行为。1975年3月28日，也就是普什辛卡预产期的10天前，它被带到了新家。

这栋65平方米左右的房子有三个房间，还有一间厨房和一间浴室。柳德米拉将一张床、一张小沙发和一张桌子搬进一个房间，作为她的卧室兼办公室。她在另一间房子里为普什辛卡搭了一个窝。第三个房间是公共区域，配有几把椅子和一张桌子。柳德米拉在这里吃饭，偶尔也会在这里和研究助理或其他来访者会面。而普什辛卡可以自由地四处活动。

搬进来的第一天，普什辛卡一大早就开始绕着房子打转，在屋里进进出出，表现得非常躁动。一般来说，怀孕的狐狸大部分时间都躺在窝里，而普什辛卡却在屋子里来回踱步。它会乱抓铺在自己房间地板上的木屑，然后直接躺下，之后又跳起来，在屋子里绕圈。虽然普什辛卡和柳德米拉在一起很自在，会经常去让她摸摸，但它显然很不安。陌生的环境似乎让它极度焦虑。它一整天几乎什么也没吃，就吃了柳德米拉带来给自己当零食的一小块奶酪和一个苹果。

那天下午，柳德米拉的女儿玛丽娜（Marina）和玛丽娜的朋友奥尔加（Olga）也来了。毕竟是乔迁的大日子，孩子们都想过来看看。晚上 11 点左右，普什辛卡还在屋里踱来踱去，三个人就去睡了。两个女孩盖着毯子，躺在柳德米拉床边的地板上。当她们渐渐入睡时，普什辛卡悄悄地溜进了房间，躺在两个女孩旁边。然后，它终于也放松地睡着了。她们实在是太开心了，特别是柳德米拉，终于松了一口气。

在和普什辛卡相处的几个月里，柳德米拉发现，这只可爱的小狐狸和她住在一起之后，不仅感觉非常自在，而且变得非常忠诚，就像最忠诚的狗一样。

1

一个大胆的想法

1952年秋天的一个下午，35岁的德米特里·别利亚耶夫身穿他标志性的黑西装，打着领带，登上了从莫斯科开往塔林（位于波罗的海沿岸的爱沙尼亚首都）的夜行列车。塔林与芬兰隔海相望，但在当时可以说是完全不同的两个世界。因为第二次世界大战后分隔东欧和西欧的铁幕还笼罩着塔林。德米特里此行是要去见一位值得信赖的合作伙伴妮娜·索罗基娜（Nina Sorokina）。他与众多狐狸养殖场合作研发育种技术，妮娜正是其中一座养殖场的主要养殖人员。而德米特里作为遗传学家，此时是位于莫斯科的毛皮动物繁育中央研究实验室（Central Research Laboratory on Fur Breeding Animals）的首席科学家，负责帮助政府运营的一些狐狸和水貂养殖场生产出更美丽、华贵的毛皮。德米特里希望妮娜会同意帮他验证之前提出的动物驯化理论——这是动物进化中最让人着迷但仍悬而未决的问题之一。

德米特里随身带着几包烟和一顿简餐——煮得过熟的鸡蛋和硬邦邦的意大利腊肠，还有几本书和几篇论文。他嗜书如命，而狐狸和水貂养殖场遍布在苏联广袤的土地上，因此在漫长的火车旅行中，他总是带着好看的小说、戏剧或诗集，以及科学书籍和论文。一方面，他志在随时了解欧美国家的实验室不断涌现的遗传学和动物行为学重要发现和前沿理论，但另一方面，他还是尽量挤出时间来阅读自己热爱的俄国文学。他尤其热衷于阅读那些反映同胞们在数百年政治动荡中忍受的苦难的作品，以及与几十年前斯大林掌权引起苏联巨变密切相关的作品。

德米特里在文学上涉猎很广，从深受国民爱戴的短篇小说作家尼古拉·列斯科夫（Nikolai Leskov）笔下的奇闻逸事（例如没怎么读过书的佃农时常欺骗更有学问的地主），到亚历山大·勃洛克（Alexander Blok）的神秘主义诗篇（1917年“十月革命”前不久，他曾预见性地写出“马上要发生一件大事”）。德米特里最喜欢的作品之一是戏剧《鲍里斯·戈都诺夫》（*Boris Godunov*），其作者是俄国19世纪伟大的诗人和剧作家普希金。这部作品是受莎士比亚的“亨利”系列戏剧启发而写成的警世故事，讲述了颇得人心的改革派沙皇鲍里斯·戈都诺夫（Boris Godunov）的激进统治。他当权后开放了与西方的贸易，并将教育改革制度化，同时残酷镇压政敌。1605年，鲍里斯中风猝死，俄国由此进入血雨腥风的内战时代，史称“混乱时期”（Time of Troubles）。而在德米特里成长的20世纪三四十年代，斯大林造成的长时间恐慌与破坏，和350年前那个残酷时期无比相似。斯大林的清洗和农业政策的失误导致连年饥荒。

斯大林也曾支持过对遗传学工作的残酷镇压。对想成为苏联遗传学家的人来说，1952 年仍然非常艰难。德米特里始终密切关注着这一领域的新发展，这给他自身及其职业生涯都带来极大的风险。在斯大林的支持下，十多年来，冒充科学家的江湖骗子李森科（Trofim Lysenko）在苏联科学界一手遮天。他主要做的就是强烈反对遗传学研究。许多顶尖研究人员被解雇，最后要么被关进战俘营，要么被迫辞职去做不重要的工作，甚至有人被杀害——包括德米特里的哥哥，当时遗传学领域的领军人物。在李森科掌权之前，苏联是世界遗传学研究的佼佼者。包括美国科学家赫尔曼·穆勒（Herman Muller）在内，许多优秀的西方遗传学家为了有机会与苏联遗传学家一起工作甚至不惜长途跋涉去往东部。而在德米特里生活的时期，苏联遗传学研究处于混乱之中，根本没法进行任何严肃的科学研究。

但德米特里下定决心，决不让李森科之流妨碍他做事。饲养狐狸和水貂取得的成果，让他对驯化产生的伟大奇迹有了些想法，所以他无论如何都想设法验证一下。

人类祖先驯养了绵羊、山羊、猪和奶牛等对文明发展至关重要的动物，当时人们已经十分了解早期的驯养方法。德米特里在狐狸和水貂养殖场的日常工作也用到了这些方法。但是驯化最初是如何开始的，这个问题仍然是一个谜。在野生状态下，家畜的祖先可能会因为害怕而逃跑；要是有人靠近，它们还会发起攻击。是什么改变了这些并让人工繁殖成为可能？

德米特里觉得自己可能找到了答案。古生物学家一向认为，人类最早驯化的动物是狗，当时进化生物学家确信狗是由狼进化而来的。德米特里对这个问题很感兴趣：像狼这样天生讨厌与人类接触，而且可能攻击人的动物，是怎么经过数万年的进化变成可爱而忠诚的狗？繁育狐狸的工作为此提供了重要线索。理论还处在初期阶段，他想进一步验证。他觉得他知道启动这个过程的初始机制。

因此，德米特里前往塔林，请妮娜帮助他开始一项大胆而前所未有的计划——他想模拟狼进化成狗的过程。因为狐狸和狼在遗传学上有很近的亲缘关系，所以他认为无论狼进化成狗涉及哪些基因，都应该是苏联各个养殖场里饲养的银狐所共有的。[1]作为毛皮动物繁育中央研究实验室的首席科学家，他有充分的条件将自己的想法付诸实验。他的培育工作对苏联政府很重要，因为出售皮草带来了国库所急需的外汇。德米特里相信，只要他解释实验是为了努力提高毛皮产量，就可以顺利进行。

即便如此，他所设想的狐狸驯化实验还是风险重重，必须远离莫斯科李森科的耳目。所以德米特里请妮娜借助她在偏远的塔林一个狐狸养殖场的繁育项目，帮他启动这项实验。他们曾经成功地合作完成几次项目，生产出更有光泽、更丝滑的皮草。他知道她是个人才。二人私交甚好，德米特里认为他们可以彼此信任。

德米特里的实验计划规模之大，在遗传学研究中是前所未有的。此前，遗传学主要研究微小的病毒和细菌，或者能迅速繁殖的苍蝇和老鼠，而不是像狐狸这样一年只交配一次的动物。由于繁殖每一代狐狸幼崽都需要时间，所以实验可能需要很多年才能出结果，说不准会持续几十年甚至更久。但他认为冒着风险长期投入是值得的。如果真的得出结果，很可能就是开创性的发现。

德米特里不是惧怕危险的人，他会用很多手段与斯大林治下的政府部门周旋。第二次世界大战爆发后，他立即加入了苏联军队，并在前线与德国人英勇作战。战争结束后他晋升为少校，尽管当时他才 28 岁。他的军旅生涯和生产出华丽昂贵皮草的育种技术，让他赢得了上级领导的信任，他不仅是一流的科学家，还知道怎么把事办成。他也知道怎样充分利用自己的个人魅力以及他对人们的影响力来进一步提高声望。

德米特里长得非常帅，下巴结实，头发乌黑浓密，蓝色的眼睛炯炯有神。虽然身高只有 1 米 73 左右，但是自信又高贵的举止让他显得威风凛凛。要是让人描述他，与他共事的人——哪怕只与他见过面——都会提到他眼神中那种非同寻常的力量。“他看着你，”一位同事回忆说，“就能透过表面了解你的内心。有些人不喜欢去他的办公室，不是因为做错了什么，也不是害怕受到惩罚，就是害怕他的眼神和凝视。”德米特里非常了解这种效果，所以他和人说话时，常常专注地盯着对方。隐瞒或欺骗他似乎是不可能的。

他追求卓越，这深深地激励着他在科学界的同事和下属，许多人都愿意为他工作。他给大家信心，鼓励他们做到完美，并经常用新方法向他们提出要求。他看重激烈辩论，鼓励公开讨论不同的观点，而且喜欢反复琢磨各种观点。即使一些同事并不服气他的领导能力，也会被他的热情和充沛精力镇住，还有一些人则害怕他对任何推卸责任的说法或任何形式的流言诡计表现出的蔑视。他知道哪些人能从事一流的工作，哪些人可以信任，而哪些人不能。妮娜就是他可以信任和期待的合作伙伴之一。

德米特里到达塔林后下了火车，又坐上了一辆向南行驶的大巴。大巴穿过了许多小村庄，道路颠簸不平，简直不能说是路。他的目的地是爱沙尼亚丛林深处的科希拉（Kohila）。科希拉与其说是个村庄，不如说是一片厂区，是分布于该地区的几十个工业化的大规模毛皮养殖场的缩影。[2]科希拉这个养殖场占地 60 多公顷，饲养着约 1500 只银狐。这里有几十排带金属屋顶的长木棚，每一排有几十个笼子。工人们及其家人住在距离养殖场走路 10 分钟的一个简陋的定居点，除了一些单调的单元房，就只有一所小学校、几家商店和一两家社交俱乐部。

在这个偏远村落沉闷的环境下，妮娜显得有些格格不入。她当时 35 岁左右，一头美丽的黑发，头脑聪明，工作认真，就女性而言，她在这样一个至关重要的行业中地位非常高。妮娜热情好客，每次德米特里来养殖场，她都喜欢邀请他到办公室喝茶。德米特里长途跋涉，一到这里就会直接去她办公室聊天。就着茶点喝着茶，德米特里嘴里叼着一刻不离的香烟，提出他的建议：驯养银狐。要是妮娜觉得这位朋友有些疯疯癫癫，也是情有可原的。因为养殖场里大多数狐狸都很凶猛。饲养员靠近时，它们就会露出锋利的犬齿扑过去，还会凶狠地叫嚣。狐狸咬人都很用力，所以妮娜和饲养员只要接近它们，就必须戴着 5 厘米厚的保护手套。这种手套能保护小臂的前半段。但妮娜对这个实验很感兴趣，问他为什么想做这个。

德米特里告诉她，他一直为驯化中的那些悬而未决的问题而着迷。他尤其感兴趣的是，为何经过驯化的动物可以一年繁殖多次，而它们的野生祖先却鲜少这样。如果他能驯养狐狸，它们可能也会更频繁地交配，这对毛皮产业很有好处。此言不假，这也为育种团队提供了绝佳的掩护。如果有人问他们在做什么，他们可以回答在研究狐狸行为和生理学。这是李森科能接受的研究领域，总归是为了提高皮毛质量和每年出生的幼崽数量。所以，当局怎么会反对呢？

他不想解释得太多，以免让妮娜陷入危险。实际上全部真相是，如果这个实验成功了，它可能会为驯养中许多尚未解决的重要问题提供答案。关于动物变得温顺的奥秘，德米特里研究得越多就越感兴趣，而这只有通过他提出的实验才能弄明白。否则，还有什么方法能找到驯化起源的答案呢？目前尚未发现有文献记载驯化的起始阶段。哪怕已经发现了早期驯化动物的化石，比如与狗类似的狼和早期驯养的马，也很难揭示驯化一开始是怎样发生的。即使最终能找到遗骸，确定动物生理上最先出现的变化，也不能解释驯化如何出现以及为何出现。

还有许多关于驯化的谜也没有得到解答。比如说，在地球上数百万种动物中，为什么人类成功驯养的如此之少？总共只有几十种，其中大多数是哺乳动物，不过也包括一些鱼、鸟和昆虫，例如蚕和蜜蜂。进一步的问题是，为什么驯化的哺乳动物身上发生的变化如此相似？正如德米特里的偶像达尔文所指出的那样，大多数驯化动物的皮和毛上出现了不同颜色的斑纹——如斑点、色块、白斑和其他印记。许多动物成年后还保留着幼年的身体特征，而这是它们的野生近亲成年后所没有的。这些所谓的幼态，比如柔软的耳朵、卷曲的尾巴和娃娃脸，让许多物种的幼崽显得非常可爱。那么，为什么驯养者选择了这些特征？毕竟，奶牛皮肤上的黑白斑点不会给养牛的人带来任何好处。养猪的人又何必在意猪的尾巴会不会卷起来呢？

也许，这些动物特征的变化，不是源于人工繁育涉及的人为选择，而是源于自然选择。毕竟，自然选择在物种被驯化后继续发挥作用，只是不像在野外那么明显。野生动物的皮和毛上会生出各种各样的斑点、条纹和其他图案，通常是为了伪装。然而，家畜身上形成的斑点和斑块不必有这种伪装功能，那么自然选择为什么会青睐这些特征呢？一定还有别的解释。

驯化动物的另一个共同点是交配能力更强。野生哺乳动物每年都在特定的时间段繁殖，一年仅繁殖一次。有些动物的繁殖期只有几天，而另一些物种的繁殖期有几周甚至几个月。例如，狼的繁殖期为 1 月到 3 月；狐狸则在 1 月到 2 月下旬。这都是一年中最适宜生存的时间——幼崽出生时，温度、光照和丰富的食物为它们成功降生提供了最好的条件。相比之下，许多驯化动物可以在一年中任何时候交配，而且很多时候可以交配多次。为什么驯化会让动物生殖发生如此深刻的变化？

德米特里认为，但凡涉及驯化的问题，答案都与界定驯化动物的基本特征有关，也就是温顺。他相信，是人类祖先对动物的选择导致了驯化，而选择正是依据这个重要特征：它们对人类的攻击性和恐惧感要低于其一般同类。要和动物相处，这种可驯服的特点是必不可少的条件，此后才能饲养它们以获得其他理想特性。人类需要牛、马、山羊、绵羊、猪、狗和猫对主人友善温和，不管人类想从动物那里获得的是奶、肉还是保护或陪伴。如果被自己的食物踩伤，或者因本该保护自己的动物而致残，那可不行。

德米特里向妮娜解释说，在水貂和狐狸饲养工作中，他注意到，养殖场大多数水貂和狐狸不会攻击人，面对人类时只是害怕和紧张，还有少数在人们接近它们时表现得很平静。它们并不是被培养成这样的，所以这种品质一定是种群中自然存在的行为差异。他推测，驯化动物的祖先也都是如此。在进化过程中，人类早期祖先开始饲养它们并选择这种温顺的天性，动物随之变得越来越温顺。他认为，驯化涉及的所有变化，都是由此触发的，行为选择对动物的温顺程度施加了压力。现在能让动物拥有生存优势的不是躲避或攻击人类，而是在人类身边老实待着。动物能与人类接触，就会有更稳定的食物来源，也能更好地躲避捕食者。德米特里还不确定对于温顺的选择是如何让动物身上产生所有遗传变化。但他设计了一个实验，希望最终能找到答案。

妮娜全神贯注地听着。她也曾观察到，少数狐狸在有人靠近时表现得很平静。她对他的理论很感兴趣。德米特里说明了希望妮娜与其繁殖团队跟进的实验——每年他们要在1月底的繁殖期，从科希拉挑选几只最温顺的狐狸，让它们交配。从产下的幼崽中，再选择最温顺的幼崽进行繁育。他指出，亲代和子代之间的变化可能非常细微，甚至很难一眼看出，但他们只能尽力去判断。他觉得，这最终会让狐狸变得越来越温顺，驯化正是由此开始。

德米特里建议妮娜和饲养员们密切观察狐狸在人接近笼子或把手放在它们前面时的反应，以此评估它们的温顺程度。他们甚至可以试着将结实的棍子慢慢地穿过笼子的栏杆，看看狐狸是发动攻击还是后退。不过，饲养员们可以自己去摸索方法。德米特里相信妮娜的判断力。同样，妮娜也相信德米特里的想法值得一试。

在妮娜同意之前，德米特里想说明一下风险性。他知道，妮娜明白在李森科威慑下做驯化遗传学实验的危险，但他仍然强调一定要认真考虑这个问题。他提醒她，最好不要向团队之外的人提及这项工作。他还建议，如果有人问起来，她可以回答实验目的只是看看能否提高毛皮质量和每年出生的幼崽数量。

妮娜毫不犹豫地说自己会提供帮助。她和她的团队将立即开始实验。

妮娜同意协助实验，这对德米特里来说非常重要。他希望这项工作能够成为重要研究的起点，如果他关于驯化的观点是正确的，研究就有可能取得突破性的进展。这将有望复兴苏联遗传学界勇于开拓的研究传统。对德米特里来说，这是一个紧迫的任务。

德米特里相信，他这一代的研究人员必将恢复这一传统。他确定，这个实验是他能想出的最好办法。他们这些遗传学家不能再让李森科团伙阻碍真正的研究了。不久之后，西方科学家想必能破解基因密码，弄清楚基因结构与基因向细胞传递信息的方式——这些几乎决定了动物发育和日常活动模式的方方面面。苏联的遗传学家必须为这场新的科学革命作出贡献。他的哥哥，还有众多的科学英雄牺牲自己的事业，有时甚至是生命，在遗传学上做出了开创性的工作。现在也该做出新的成就了。

在那些为遗传学事业献出生命的先驱中，有一个人对德米特里的驯化研究影响尤其深。尼古拉·瓦维洛夫（Nikolai Vavilov），他极大地促进了人们对植物驯化的理解，也是当时世界上最重要的植物探险家之一。他曾游历 64 个国家，收集植物种子。对于全世界，尤其是俄罗斯来说，这些种子是至关重要的食物来源。仅在瓦维洛夫有生之年，俄罗斯就发生了三次可怕的饥荒，夺走数百万人的性命。他毕生致力于为祖国寻找推广粮食作物的方法。他从1916年开始收集种子，所达到的研究水平，以及坚持不懈的精神，都是德米特里希望能追随的。瓦维洛夫的职业生涯刚起步，就遭受了一场灭顶之灾。第一次世界大战期间，他在英国与世界顶尖的遗传学家一同研究，随后带着宝贵的植物样本回国，计划进行下一步研究。不幸的是，他乘坐的船撞上德国水雷而沉没，所有的植物样本都丢失了。

瓦维洛夫没有退缩，又开始了新的研究项目——寻找抗病性强的作物品种。多年来，为了收集世界各地的驯化作物，他曾前往最偏远的丛林、森林和山脉，寻找驯化物种的发源地。[3]学界盛传他每晚只睡4个小时，省下的时间让他写出了350多篇论文和大量书籍，还熟练掌握了十几种语言——他希望能与当地农民和村民交流，这样才能了解他们对相关植物的全部认识。

瓦维洛夫的收集之旅堪称传奇——始于伊朗和阿富汗，1921年去了加拿大和美国，1926年去了厄立特里亚、埃及、塞浦路斯、克里特岛和也门，1929年还到过中国。[4]旅程刚开始，他就在伊朗和苏联边境被当成间谍逮捕，就因为他带了几本德语书。在中亚的帕米尔地区，向导抛下他跑了，车队把他扔在半路，随后强盗又来洗劫。在去阿富汗边境途中，他从两节火车车厢之间跨过时跌落，火车一路呼啸，他只能靠胳膊撑在那里晃荡。去叙利亚的路上，他得了疟疾和斑疹伤寒，但都坚持了下来。一位传记作者如此描述他过人的意志力："他六个星期里甚至没有脱过大衣。白天四处旅行，收集资料；夜幕降临时，在当地一间茅屋的地板上倒头就睡……整个探险过程中，痢疾一直折磨着他，但他带回了几千份标本。”[5]事实上，瓦维洛夫收集的活体植物标本比之前的任何人都多。他还建立了几百个野外观测站，让其他人能够继续他的工作。依据收集的大量植物，他划定了世界上八个植物驯化中心区域：亚洲西南部、亚洲东南部、地中海地区、埃塞俄比亚（早期称阿比西尼亚）、墨西哥—秘鲁地区、奇洛埃群岛（靠近智利）、巴西和巴拉圭交界处，以及靠近印度尼西亚的一座岛屿。

实际上，20 世纪 20 年代李森科年轻时曾得到瓦维洛夫的帮助。当时，李森科因推行提高作物产量的研究而获得了国家的赞誉，而提高作物产量对瓦维洛夫来说也非常重要。瓦维洛夫一开始很欣赏李森科在植物育种方面的想法，甚至提名他为乌克兰科学院的院士。李森科关于作物增产的提法也引起了斯大林的注意，由此引发了一场灾难。李森科在苏联科学领域飞黄腾达的故事，值得德米特里喜爱的作家普希金来讲一讲。

故事始于 20 世纪 20 年代中期。由于数世纪的君主制使富人和工农阶层之间的广泛差异根深蒂固，苏联共产党领导人计划提高“普通人”的地位，提拔了一批文化程度不高的人，让他们从无产阶级变成了科学界的权威。李森科出身于乌克兰的农民家庭，完全符合这个计划的要求。[6]他直到 13 岁才学会阅读，也没有大学文凭，只在一所类似园艺学校的地方获得函授学位。[7]在作物育种方面，他唯一接受的训练，是一次栽培甜菜的短期课程。[8]1925 年，李森科在阿塞拜疆的甘扎植物育种实验室（Gandzha Plant Breeding Laboratory）找到一份中等收入水平的工作，任务是种豌豆。当时苏联官方报纸《真理报》（*Pravda*）的一位记者[9]正在撰写一篇吹捧农民科学家不凡事迹[10]的文章。李森科让这名记者相信，他的豌豆产量远远高于平均水平，其播种技术可以帮助养活正在挨饿的国民。记者在文中激情洋溢地声称："草根教授李森科吸引了大量拥趸……和农学专家来访……他们感激地同他握手。"[11]这篇文章纯属虚构，却使李森科引起了全国人民的关注，其中也包括斯大林。

李森科声称已经做了一系列实验：将小麦和大麦等谷物的种子浸在水里冷冻后再播种，就能大大提高作物在寒冷天气里的产量。他说，不出几年，这种方法就能让苏联农田的产量迅速翻倍。事实上，李森科从未进行任何正规的作物增产实验。他所谓的"数据"都是捏造的。

有了斯大林的支持，李森科发起了一场诋毁遗传学研究的改革运动，部分原因是遗传进化理论的证据会戳穿他的骗局。他把西方和苏联的遗传学家斥为"危险分子"，这让斯大林非常高兴。1935 年，在克里姆林宫举行的一次农业会议中，李森科在演讲中大放厥词，把遗传学家称为"破坏分子"。演讲结束时，斯大林站起来喊道："好极了，李森科同志，说得太好了。"[12]

尽管起初瓦维洛夫受了李森科的蒙蔽，但当瓦维洛夫仔细审视其说法时，他渐渐产生了怀疑。他让一名学生做实验，看能否重复李森科的结果。1931 年到 1935 年的一系列实验证明，李森科的说法站不住脚。[13]在揭露李森科骗局后，瓦维洛夫毅然成为李森科的反对者。出于报复，1933 年，斯大林的中央委员会禁止瓦维洛夫再出国考察，还在《真理报》上公开批判他。李森科警告瓦维洛夫和他的学生，“当这些错误数据被清理时，那些无法弄清个中含义的人”也将被“扫地出门”。[14] 瓦维洛夫毫不动摇，继续与李森科斗争。1939 年，在全苏植物育种研究所（All-Union Institute of Plant Breeding）的一次会议上，瓦维洛夫发表讲话：“就算是赴汤蹈火，我们也要坚守信念，决不退缩。”[15] 此后不久，就在 1940 年，瓦维洛夫在乌克兰旅行时，被四个穿黑色制服的人挟持，扔进莫斯科的监狱。在那里，这个收集了 25 万份驯化植物样本、多次死里逃生、努力解决祖国饥荒问题的伟大科学家，在三年的岁月里，被慢慢饿死。

德米特里如饥似渴地阅读瓦维洛夫的著作。他既钦佩瓦维洛夫取得的广泛成就，也景仰他守护遗传学的勇气。他希望狐狸驯化项目有助于发扬瓦维洛夫创新精神和刚毅品格。如果瓦维洛夫在天有灵，应该也会由衷赞同。

德米特里知道他的哥哥尼古拉·别利亚耶夫（Nicholai Belyaev）也会热烈支持狐狸驯化实验，尽管尼古拉在李森科手上遭遇了不幸。在 1917 年“十月革命”后，别利亚耶夫家族遭受了沉重打击，但他们始终坚持自己的信念。

德米特里的父亲康斯坦丁（Konstantin Belyaev），曾是普罗塔索沃（Protasovo）的教区牧师。这个位于莫斯科以南 4 小时车程的村庄只有几百人，风景如画，草木葱茏，森林茂密。据说，村民们都很喜欢康斯坦丁。苏联当局却不然。“十月革命”后不久，政府宣布俄国是无神论国家，因此严厉打击宗教、没收教堂财产、骚扰当地信徒。康斯坦丁也多次入狱。

到 1927 年，德米特里 10 岁时，对神职人员的打击依然非常严重。德米特里的父母非常担心他的安危，于是让他离开家乡，去莫斯科和尼古拉一起生活。尼古拉年长德米特里 18 岁，当时已经成家。作为牧师的孩子，尼古拉很幸运地在宗教受到镇压前进入了莫斯科国立大学，主修遗传学的新兴领域，具体从事蝴蝶研究。

德米特里非常崇拜尼古拉。每次尼古拉从学校回来，德米特里就会帮哥哥编目蝴蝶标本，尼古拉也会给他讲解这些精致的生物如何帮助遗传学家弄清像变态发育这样的“奇迹”。德米特里搬到哥哥家时，尼古拉正在科尔佐夫实验生物学研究所学习，并在谢尔盖·切特韦里科夫（Sergei Chetverikov）的实验室工作。切特韦里科夫是苏联最有名望的著名遗传学家之一，[16] 他的实验室培养出了许多杰出的科学家。尼古拉当时已经成为其得意门生，更被学界视为苏联遗传学下一代的领军人物。每周三，切特韦里科夫实验室的成员都会举行茶话会，讨论最新的发现。尼古拉带德米特里参加了很多次这样的会议。德米特里会坐在后面，为讨论时的无拘无束和激情澎湃所吸引。讨论中有很多人大喊大叫，他就称之为“喊叫会”。

尼古拉的学术声望不断上升。1928 年，乌兹别克斯坦塔什干中亚丝绸研究所聘请他去工作。在那里他开始转向研究蚕的遗传机制。这是一项重要的任命，因为在丝绸生产上取得任何一点进步，都有可能让苏联工业产生一次飞跃。德米特里本来希望追随哥哥的科研道路，但接着他就被送到莫斯科的大姐奥尔加（Olga Belyaev）家里。由于大姐家也有两个孩子要养，家道艰难，德米特里报名参加了为期七年的职业课程，接受电工培训。[17] 他本以为还有机会上大学。但 17 岁那年当他试图申请莫斯科国立大学时，他受到了当头一棒：这所大学不再招收牧师子女。因此，德米特里被迫上了一所职业学院——伊万诺沃国立农学院。至少他可以在这所农学院学习生物学，许多顶尖的科学家也会去做遗传学的前沿讲座。

1937 年冬天，德米特里的家人得到消息：尼古拉失踪了。当时尼古拉在家蚕遗传学方面的研究已经取得重要成果，并被任命为第比利斯（Tbilisi）一家政府资助机构的领导。1937 年秋天，尼古拉去莫斯科探亲访友时，有人警告他，第比利斯已经开始抓捕他的遗传学家同事。他不顾危险，回去找他的妻子和 12 岁的儿子。多年后，他的家人才知道，他回第比利斯没多久，他和妻子就被捕了。1937 年 11 月 10 日，尼古拉惨遭杀害。[18] 尼古拉的母亲多年来一直在找儿媳，最终得知她被关进了贝斯克市（Baysk）附近的一所监狱，但一直没能联系上，也没有任何关于她孙子的消息。

尼古拉失踪、被害，促使德米特里下定决心成为李森科的反对者。但他知道自己必须谨慎行事。当他在学院即将拿到文凭时，他的一位导师已经成为莫斯科的毛皮动物繁育中央研究实验室的部门负责人。1939 年德米特里一毕业，导师就给德米特里安排了高级实验技术员的职务，主要饲养具有美丽毛皮的银狐并出售给海外。不到一年，第二次世界大战爆发了。由于德米特里在服役中表现出色，在四年激烈的前线战役中多次受伤，死里逃生，战后军队不愿让他退役。但是外贸部长认为，他的繁育狐狸工作非常重要，所以让他退役并重新加入实验室，并最终任命为选育部门的主任。德米特里在繁育工作中的出色表现让他迅速获得了极高的声誉，因此他感到有信心公开反对李森科，而且他确实大力去做。

1948年7月，苏联政府实施了一项“改造自然”的宏伟计划，李森科负责制定所有有关生物科学的政策。[19] 此后不久，在1948年8月召开的苏联列宁农业科学院会议上，李森科发表了一篇名为《论生物科学的现状》(The Situation in the Science of Biology)的演讲。这篇演讲被普遍认为是苏联科学史上最别有用心、最危险的演讲。在这篇演讲中，他再次抨击了现代西方遗传学，称之为“现代反动遗传学”[20]。他的夸夸其谈结束时，观众站起来，疯狂欢呼。[21]

参会的遗传学家被迫站出来推翻自己的科学知识和实践。如果拒绝，就会被革职。[22] 德米特里读到报道那篇演讲的新闻时，既烦躁又生气。他的妻子斯维特拉娜(Svetlana)回忆了第二天丈夫在家看到报纸上相关消息的情景：“德米特里向我走来，眼神坚毅而悲伤，把报纸拿在手里，不停地折来折去。”[23] 一名同事记起那天碰见德米特里，听他愤怒地称李森科是“科学土匪”。他开始迫切地向科学家同行剖析李森科主义的危害，无论对方是敌是友。

虽然有毛皮育种工作的重要性做掩护，德米特里也不能完全不受李森科势力范围的影响。莫斯科一家杂志刊登了讽刺他的一幅漫画，漫画中他乘着降落伞从天而降，标题是“回归大地吧”（Come Down to Earth）。另外，莫斯科一群倾向于支持李森科的科学家组织了一次会议。在会上他们痛斥别利亚耶夫带领的反动派遗传学家。德米特里也参会了，并发表了一篇挑衅和激情并存的演讲，陈述继续进行遗传学研究的重要性。结果，他被禁止在莫斯科毛皮研究所执教，论文投稿也立即被期刊拒稿。他的实验室经费被削减了一半，手下的工作人员也被派到别的部门，他本人从部门主任降为高级研究员。

尽管如此，德米特里还是通过研究水貂和狐狸，而继续从事遗传学工作。其中一些成果给了他一线希望——妮娜正在进行的试点实验，很有可能不需要达尔文进化论所说的那么长时间，就会产生重要结果。他隐约想到了，为什么伴随着驯化过程，动物出现了那么多不同的性状变化——耷拉的耳朵、卷曲的尾巴和斑点，还有打破一年交配一次的规律，这些变化又是因何相对快速地出现。1952 年拜访妮娜时他并没有和她说起：这个想法可能经不起推敲，还不能与任何人分享，尤其是它与关于进化变化本质的主流观点背道而驰。

达尔文认为，进化通常是一小步一小步逐渐发生的，而像驯化动物那样明显的变化，需要经过极长时间的积累。但德米特里注意到，不到 30 年前开展的一个繁育项目中，野生水貂经过人工饲养，在极短时间内皮毛颜色就出现了惊人的改变。野生水貂的皮毛是深棕色的。但突然之间，有一些水貂出生就长着米黄色、银蓝色和白色的皮毛。这种情况似乎反复出现，比遗传学家普遍认为的新突变要频繁得多。德米特里认为，这一定意味着野生貂的基因组中已经包含了产生这些皮毛颜色的基因，只是这些基因之前并不活跃。他提出，环境变化、笼养，以及为繁育中为了提升毛皮质量而带来的新的选择压力，必定激发了这些“休眠”基因，使之变得活跃。

狐狸身上了也发生了类似的事情。德米特里观察到，有些狐狸脚上一度出现白斑，然后再没有出现，在后代中又突然重现，只不过有些狐狸的白斑长在脸上。一些遗传学家认为，可以用某种方式“激活”休眠的基因，而这些基因出于某些原因会产生不同的作用，就像狐狸身上白斑位置的变化一样。德米特里推测，这类基因活跃度的变化，正是驯化过程中许多变化背后的原因。这表明，驯化可能比达尔文进化论通常暗示的时间要快得多。

德米特里希望他的狐狸实验能够产生这样迅速的变化。但话又说回来，他可能错了，也许根本不会产生显著的结果。毕竟，这就是科学。但是这个想法实在太有意思了，不去验证的话就太可惜了。实验已经开始，现在他所能做的就是等待妮娜的消息。

2

不再是“喷火龙”

德米特里认为银狐适合驯化，这种想法是有道理的。当时很多人已经知道，狼和狐狸由一个相对晚近的共同祖先进化而来，狼能进化成狗，在一定概率上，狐狸也有一些那样的基因。但是德米特里很清楚，遗传学上的亲缘关系并不保证实验会成功。

动物驯化史上最令人困惑的事情之一，是无数次对驯化物种的近亲进行驯化均告失败。例如，斑马和马亲缘关系十分近，有时两者甚至可以交配。如果是雄性斑马和雌性马交配，就会生出“斑马马”（zorse）；如果是雄性马和雌性斑马交配，则会生出“马斑马”（hebra）。不过，即使和马的遗传学联系如此紧密，斑马也没有被驯化。19 世纪晚期，人们在非洲做出了很多尝试。殖民政府带到非洲的马，因为采采蝇传播的疾病，几乎死光了，而斑马对其中很多疾病都有免疫力。斑马实在是太像马了，理论上似乎是完美的替代物。但那些试图繁育斑马的人全都以失望告终。

虽然斑马是食草动物，和牛羚、羚羊一起生活、吃草，但它们也是狮子、猎豹和美洲豹的主要猎物。这种随时可能会被吃掉的压力，让斑马具备了强劲的战斗精神。它们的踢力很强。尽管如此，还是有一些勇敢的人想将斑马训练得足够温顺，以适于骑乘。好大喜功的英国动物学家沃尔特·罗斯柴尔德（Walter Rothschild）爵士，甚至运了一批斑马到伦敦，并曾做过一次展示，由四匹斑马拉着马车来到白金汉宫。但是人们无法真正驯化斑马。训练与驯化的区别在于，许多动物可以通过训练来听从人类的指令，但驯化涉及基因的改变，这样动物的天性才会变得温顺，尽管特定个体的温顺程度可能不同，总有一些无法驯服的马。

在驯化问题上，近缘种的表现大不相同。关于这点，另一个有趣的例子是鹿。在全世界几十种鹿中，可以说只有驯鹿这一种被驯化了。驯鹿是最晚被驯化的哺乳动物之一，可能被俄罗斯人和斯堪的纳维亚的萨米人分别驯化过。对生活在北极和亚北极气候下的很多群体来说，驯鹿对他们的生存来说至关重要。[1] 其他种类的鹿都没被驯化，这一点尤其有趣，因为这些野生动物长期以来与人类生活区域最接近，并且大体上没有攻击性。几千年来，鹿也是我们最重要的食物来源之一；因此我们有强烈的意愿要驯养一群温顺的鹿。然而，鹿是一种易受惊的动物。如果它们感觉到自己的幼崽面临危险，就会变得非常有攻击性。整个种群要是受到惊扰，就会一哄而散、四处逃窜。就像斑马与马的差异一样，鹿可能也无法在温顺上产生足够多的遗传变异来实现驯化。

德米特里很清楚，狐狸很可能最终成为另一个无法驯化的近缘种。毕竟，当他请妮娜帮助他进行实验时，人类已经饲养了银狐几十年，但大多数银狐根本不温顺。

银狐是红狐的特殊品种。它们在野生状态下攻击性并不特别强，除非被捕食者逼到绝境。虽然红狐已经在欧洲和美国的郊区出现并捕食小猫，但它们天性疏远人类。在野外，红狐通常捕食小型猎物，它们尤其青睐啮齿类动物和小鸟，但作为杂食动物，也吃水果、浆果、草和谷物。红狐不像狼那样群居捕猎，除了幼崽刚出生这段时间父母会照顾它们直到可以独立生活之外，它们都是独居的。它们也不是终身配偶制，而是每个交配季节寻找新的伴侣。它们非常善于躲避人类的视线，即使是有着鲜艳橙红色皮毛的赤狐，在野外也很难被发现。

圈养的狐狸则是另一回事。当饲养员接近时，它们大多表现出很强的攻击性，恶狠狠地咆哮，有些甚至非常凶猛。如果人手离笼子里的狐狸太近，就有被严重咬伤的危险。所以包括妮娜的科希拉养殖场在内，很多狐狸养殖场的工人都戴着笨重但必要的厚防护手套。

饲养狐狸带来丰厚的回报，冒险是值得的。很早以前人们就猎捕狐狸来获取皮毛，但商业养殖直到 19 世纪晚期才开始。两个有商业头脑的加拿大人决定在爱德华王子岛开办一个狐狸养殖场，看看能否养殖红狐，生产出色泽和质地更好的毛皮。他们生产出的泛黑银色光泽的皮草极受欢迎，从而在皮毛市场上赚到了足够多的钱，在岛上开办了更多的狐狸养殖场。当地人把这种繁荣称为“银狐热”。

伦敦市场的记录显示，1910年，爱德华王子岛出产的优质银狐生皮的价格已从每张几百美元飙升至2500美元以上，一对精心养护的银狐能卖到数万美元。在金钱的诱惑下，俄国一些毛皮动物养殖者决定入局，随即引进一些爱德华王子岛的狐狸。20世纪30年代，苏联出口的银狐皮草数量已经居于世界前列，养殖者也逐渐建立起大规模的商业化养殖场网络，科希拉就是其中之一。

妮娜和她的团队——包括其他养殖者，以及维持整个实验进程的普通工作人员——都很清楚，当他们像德米特里所说的那样接近狐狸去试验时，狐狸很可能会有攻击反应。德米特里建议接近行为要有统一标准。行动保持一定的幅度，有助于控制动作差异，避免引起狐狸不同的反应。例如，如果一个研究人员靠近狐狸，将脸贴近笼子，相比在笼子前摆摆手，就会引起不一样的反应；缓慢地接近狐狸，相比快速接近，引起的反应可能相对温和。

妮娜认为，他们每次都应该慢慢地接近狐狸，慢慢打开笼子，再戴着手套，用手托着食物慢慢地伸进去。在这种时候，有些狐狸朝他们扑过来，而大部分都会后退，恶狠狠地咆哮或像狗一样龇牙。不过，在每年的测试里，一百只狐狸总有十几只狐狸情绪稍稍稳定一些。它们当然也不太安静，但反应不会太激烈，攻击性也不太强。有几只甚至会从工人手上取食。这些狐狸不咬喂食人的手，就成了德米特里和妮娜试点实验中的亲代。

在三个交配季节内，妮娜和同事们就看到了一些有趣的结果——他们选出来的狐狸产下的幼崽，比包括亲本在内的前三代都更安静。当饲养员接近时，它们有时仍然会像狗一样龇牙，反应很激烈，但也有时候似乎毫不在意。

德米特里非常高兴。狐狸行为上的变化很细微，而且只发生在少数几只身上，但时间比他预期的要短得多，在进化的时间尺度上只是一眨眼的工夫。他现在计划由试点项目推进到大规模的实验。但这样做超出了他在中央研究实验室的职责范围，所以他需要上级的批准。他可以告诉上级，他正在尝试培育毛皮格外出色的狐狸，而且一年不止生产一次；之前他也曾建议妮娜团队用这种说法去回答外界的质疑。但即便如此，在这样一个主要研究机构采取这样的大动作，尤其是在莫斯科——李森科的大本营，仍然有遭到打击报复的风险。

不过，实验或许马上就可以开始。1953 年 3 月，斯大林去世，政治风向发生变化。李森科逐渐失势。尽管斯大林的继任者赫鲁晓夫也极力推崇李森科，但他开始推动苏联科学的复兴，比如重新启用一些在李森科治下被当作实验室技术人员使唤的杰出遗传学家，让他们回到科研岗位。政治风向变化的另一个明显迹象是，政府正式恢复了德米特里的英雄尼古拉·瓦维洛夫的声誉。[2] 是时候奋起直追了。

就在斯大林去世前的一个月，詹姆斯·沃森（James Watson）和弗朗西斯·克里克（Francis Crick）宣布，他们已经解开困惑众人已久的DNA结构之谜，破译了遗传密码。二人展示了一个巨大的分子模型，形状像一个螺旋楼梯，也就是后来所谓的“双螺旋结构”。DNA就像一台微型计算机，这一发现最终为突变的发生提供了一个令人信服的解释：突变源于代码复制错误。

鉴于这种对遗传密码的有力阐释，李森科对“西方遗传学”的指责，充其量是荒谬的误解。最重要的是，许多利用李森科的方法来提高作物产量的尝试都失败了。根据他的提议生产出的种子，也没有提高作物的产量。之前还做了许多嫁接实验，因为李森科断言，通过这种方法获得的性状组合，将在杂交后代中遗传。这也被证明毫无根据。与此形成鲜明对比，西方科学家培育杂交玉米的“资产阶级”遗传育种技术获得了大丰收。20世纪30年代，苏联科学家曾试验过这种方法，但是很快受到李森科的阻挠，导致工作中断。

苏联遗传学界此时重新振作起来。从李森科崛起之际，苏联遗传学的主要人物就开始奋力反击李森科派。同时，德米特里在苏联科学界愈发得到尊重，尤其是他一直在培育拥有珍贵毛皮的漂亮小动物，取得了非凡的成就。特别是水貂，变得越来越受欢迎。在中央研究实验室，德米特里生产出了一些迷人的新毛皮品种，它们有着绚丽的钴蓝、宝石蓝、米黄和黄玉、珍珠的色泽。他还写了一篇令人印象深刻的科学论文，阐述了为什么一些狐狸的脸颊上出现了白色斑纹——原本潜伏的基因被重新激活，在新的位置产生了斑纹。

随着声名传播开来，德米特里受邀做了很多演讲。他的青春活力、绝佳的口才、帅气的外貌和自信风采吸引了在场听众。很多听过他演讲的人都记得，当他走上讲台时，不管演讲大厅有多大，他都会立刻吸引在场所有人的注意力。有人说，他拥有一种近乎神秘的能力，能感知人群的想法和情绪，并与房间里的每一个人建立起牢固的联结。

特别是在 1954 年，德米特里具有说服力的形象，和他拥有的科学、诚实的力量，给苏联科学共同体的精英们留下了深刻印象。为了巩固自己的权力，李森科和他的亲信组织了一系列讲座，重点诋毁德米特里。讲座在莫斯科工艺博物馆（Polytechnical Museum）宽敞的中央演讲厅举行，这里是最负盛名的科学讲座举办地之一。

德米特里也被安排发言，大厅里人头攒动，气氛十分紧张。大家都心知肚明，李森科的亲信邀请德米特里来演讲，目的是为了嘲弄他。李森科最喜欢玩的一个把戏，就是派手下去听对手的公开演讲，起哄赶演讲者下台。许多演讲最后只剩下瞎嚷嚷，因为支持者也会毫不留情地反击。

这一次，通向讲台的门打开后，德米特里迈着轻快的步子走了出来，拿着一堆漂亮的狐狸皮和貂皮并将它们放在讲台上。当时在现场的一名同行回忆，德米特里非常清楚这种令人目眩的视觉呈现能起到什么效果，这是他的专长。大厅里陷入一片寂静，他开始用深沉而洪亮的声音演讲。那天在观众席上的纳塔莉亚·德劳内（Natalia Delaunay）回忆说，他的声音

“就像人声管弦乐队”，他的演讲则可以比作“为这种乐器谱写的乐曲”。

德米特里控场能力一流。他骄傲地昂着头，眼睛紧紧地盯着听众。人们都被他吸引住了。那时，遗传学仍然是一门被官方禁止的科学，但他毫无保留地分享自己在育种遗传学方面的发现。他不害怕李森科，公然反抗他。这一次德米特里成了嘲弄者。此后，德米特里觉得他可以公开表达对李森科在苏联科学界所作所为的厌恶。不过他知道，那些愿意和他共事的人还得保持沉默。

德米特里声望极高，仅仅几年后就被提拔到更高的职位上，可以进行他梦想中的大规模狐狸驯化实验。1957 年，直言不讳地反对过李森科的尼古拉·杜比宁（Nikolai Dubinin）成为细胞学和遗传学研究所的所长。该研究所位于大型科学研究中心“新西伯利亚科技中心”（Akademgorodok，或称“科学城”）。杜比宁劝说德米特里离开莫斯科，到他的研究所开设进化遗传学实验室。

新西伯利亚科技中心兴建工程是重振苏联科学的新举措之一，选地临近位于西伯利亚“黄金山谷”腹地的大型工业城市新西伯利亚。在通常的印象中，西伯利亚是一片寒冷的荒原，被厚厚的积雪覆盖着。的确，冬天十分难熬，温度经常徘徊在-40℃，但“黄金山谷”的春夏两季温暖怡人、阳光充沛。虽然西伯利亚大片荒凉的土地上只零星分布着几处小村庄，新西伯利亚却是苏联最大的城市之一，人口接近一百万。对于需要大量后备人员来做文秘工作和保管工作的科学中心来说，这是一个理想的地点。至于科学家，他们会被运送过来。

几十年前，高尔基曾写过一个虚构的“科学城”：“有成片的神庙，里面的每个科学家都是牧师。在那里，科学家们每天一往无前地深入探索有关我们这个星球的奥秘。”高尔基憧憬在这样一方乐土上，有许多“铸造车间和工坊，人们在那里锻造出准确的知识，描绘整个世界的经验，将其转化为假设，转化为进一步探索真理的工具。”[3]

新西伯利亚科技中心正是要打造成这样一个地方。

这座城市将容纳成千上万的研究人员，并会成为一个由科学界的同志组成的繁荣社区，这些人将带领苏联科学走向世界前列。即便西伯利亚的严冬，也无法削弱这个“科学巴比伦”的吸引力。它距离莫斯科 3200 多公里——李森科的权力范围日渐缩小，但莫斯科仍在其掌控之下。苏联各地的高级和初级研究人员蜂拥而至。他们是如此热切。在李森科全盛时期，许多受迫害的科学家都经历了突然变得一文不名甚至身陷囹圄的巨大转折。现在，他们将在一个崭新的科学乌托邦推动科学的重生，而这个乌托邦是在看似最不可能的地方建立起来的。

德米特里受命领导研究所的进化遗传学实验室后不久，杜比宁很快将他升为副所长。德米特里现在可以进行全面的狐狸实验，甚至在离开莫斯科前往新西伯利亚科技中心之前，他就开始着手这项工作。不过，他很快就会明白，当前仍然需要谨慎行事。

李森科团伙非常愤怒，尽管明面上他们仍在掌权，但遗传学家们已经开始无视他们的禁令。李森科一党发起新一波反对遗传学的“保卫运动”。作为这场新战役的一部分，1959年1月，由李森科一手组建的委员会从莫斯科来到新西伯利亚，访问科技中心。[4]这个委员会有权决定细胞学和遗传学研究所的研究方向和人员任命，德米特里和所里全体研究员都面临被强行辞退的风险。所里的科学家们回忆说，委员会成员“在实验室里窥探”，还盘问每一个人，连秘书都不放过。有传言说委员会明显不满正在做的遗传学研究。当会见科技中心所有研究所的总负责人米哈伊尔·拉夫伦捷夫（Mikhail Lavrentyev）时，委员会成员告知他：“细胞学和遗传学研究所的研究方向在方法论上是错误的。”大家都心知肚明，这是李森科派的恐吓。

当时的苏联总书记赫鲁晓夫听取了委员会关于访问科技中心的报告。赫鲁晓夫长期支持李森科，因此决定亲自考察一番，随后于1959年9月访问了新西伯利亚。要是事情没有完全按照赫鲁晓夫的命令进行，他就会大发雷霆。兴建科技中心的工程太大了，确实有些事情并不完全像他所期望的那样。所以赫鲁晓夫威胁说，如果情况没有改善，他将解散整个苏联科学院。“我要撤你们所有人的职！”他抱怨道，“我取消你们的津贴和所有特权！过去彼得大帝需要一所科学院，但我们要它做什么？”[5]

为了迎接赫鲁晓夫来访，科技中心全部研究所的工作人员都聚在流体力学研究所前。一位研究人员回忆说，总书记“飞快地从全体成员身边走过，看都没看他们一眼”。赫鲁晓夫和所里领导之间的会谈没有官方记录，但据当时人们的说法，如果不是赫鲁晓夫的女儿拉达（Rada）陪同出行并出面干预，赫鲁晓夫很可能关闭细胞学与遗传学研究所。拉达是著名记者，也是一名经验丰富的生物学家。她识破了李森科的骗局，说服父亲让研究所继续开展工作。

但是赫鲁晓夫决定必须做点什么来表达不满，所以在到访研究所的第二天，他就撤了杜比宁的职，将原来的副主任德米特里提拔上来。想到要接替杜比宁这样受人尊敬的科学家，德米特里感到有点惶恐。但他相信既是挑战也是机会，成为一把手将确保他能够进行出色的遗传学研究。他的一位同事也是好朋友回忆说，多年后，当他建议她来负责研究所的一个实验室时，她回答：“我不行，我不行。”她的前任是一位声名显赫的女性，她对接任其工作心生畏惧。德米特里告诉她：“忘记‘我不行’这句话。如果你想做科学研究，你必须忘掉这句话。你认为我在杜比宁之后成为所长就容易吗？”[6]他接下了研究所负责人的职务。不久之后，他开始寻找适合的人来负责他梦想的实验。

“在我的灵魂深处，”柳德米拉·特鲁特说，“有一种对动物近乎病态的爱。”这受到她妈妈的影响。她妈妈同样喜爱小狗。柳德米拉从小家里就养狗。哪怕第二次世界大战时期食物非常匮乏，她妈妈也会喂养流浪狗，还告诉她："要是我们不喂它们，它们怎么活下去呢？它们需要人。"柳德米拉学着妈妈的样子，总是在口袋里装点零食，一旦遇到流浪狗就可以去喂。她从来没有忘记，家养动物需要人。她知道，人已经把动物驯养成这样。

为延续对动物的热情，柳德米拉决定学习生理学和动物行为学。作为一名优秀的青年学生，她被当时世界上最优秀的大学之一——莫斯科国立大学录取了。这所大学也是当时研究生理学和动物行为学最有名的机构。在这里，柳德米拉接受了一流的训练，这正是负责德米特里实验的人选所需要的。在俄罗斯，动物行为学是一个历史悠久的研究领域，柳德米拉从那些曾与传奇人物共事的教授那里学到了很多东西。

巴甫洛夫因在动物行为塑造方面的研究而获得 1904 年的诺贝尔奖。作为俄国第一位诺贝尔奖得主，巴甫洛夫证明，如果饲养员总在按铃后立即给狗喂食，狗就会形成条件反射，哪怕不喂食，狗也会在铃声响起时流口水。巴甫洛夫推断，这是一种下意识的反应，而不是有意识地期盼很快得到食物的行为。他的研究为后来的行为主义学说奠定基础，所谓行为主义，就是强调动物所处环境而非基因对其行为的影响。美国的 B.F. 斯金纳（B. F. Skinner）就是一位遵循巴甫洛夫传统的行为主义学者，他关于老鼠的研究在西方很出名。

在关于动物行为的研究，即行为学上，俄国科学家虽然不那么知名，但也做出了开创性的工作。这项工作是在 20 世纪早期由博物学家弗拉基米尔·瓦格纳（Vladimir Wagner）的团队引领的，其理论基础是达尔文的一个核心论断：动物的许多行为都是自然选择进程的结果。柳德米拉就读的莫斯科国立大学，也是推动这项研究的主要学者列昂尼德·克鲁辛斯基（Leonid Krushinsky）的母校。克鲁辛斯基本身关注的是动物是否会思考的问题。他是一名开创性的研究者，尽管相信基因对动物行为具有重要作用，但他深受巴甫洛夫研究成果的影响。他在研究中结合了行为主义和遗传学的观点，进一步得出这样的观念：一些动物有学习能力和基本的推理能力，并不只受基因或环境条件的支配。

克鲁辛斯基观察到他所谓的动物“外推能力”（extrapolation ability），也就是说，动物能在追逐猎物时辨识出其躲避方向。这启发他去研究动物推理能力。在野外观察动物的多次考察中，克鲁辛斯基都带着他的爱犬。一天，他看到狗把一只鹌鹑撵进了灌木丛。灌木丛太茂密了，狗进不去，所以它绕过灌木丛，等着鹌鹑从另一边出现。克鲁辛斯基认为，这表明他的狗——还有他后来观察到的很多其他动物——能够预测未来的行为，而这需要简单的推理。动物必须学会从经验中进行这种外推，而这无疑意味着动物行为受到基因、生活经历和环境的共同影响。[7]

作为一名对动物行为进化着迷的研究者，克鲁辛斯基系统比较了狼和狗的思维能力，断言驯化让狗变笨了。按他的说法，这可能是由于狗缺乏生存压力，而狼为了生存，仍需要时刻保持警惕，因此看起来头脑灵活。此后，研究表明狗事实上并不比其野生同类更笨，相比狼或者野狗，狗的行为技能更多样化。它们并不害怕人类，因此更容易适应复杂的环境。

克鲁辛斯基还研究了许多其他生物，以大量材料论证：许多生物具有复杂的社会生活和解决问题的能力。他在这一领域做了规模惊人的一系列有意思的探索。他在一篇论文中写道，他观察到大斑啄木鸟怎样用树枝做工具：这些鸟把松果塞进大小合适的树洞里，树洞像某种钳子一样夹住松果，方便它们啄食松子。尽管许多行为主义者都不相信动物有情感，并把相关研究边缘化，但克鲁辛斯基还是坦率地写下了他在动物身上观察到的情绪。例如，他指出，非洲猎犬（African hunting dogs）集群生活，他称之为靠“友情”维持的群体。

德米特里与克鲁辛斯基是好友，也很欣赏他的工作。因为狐狸实验需要用到克鲁辛斯基所教授的那种复杂的动物行为学观察，所以德米特里造访了他在莫斯科国立大学麻雀山校区的办公室，想问问他有谁能够负责实验的日常运转。在克鲁辛斯基那幢有着富丽堂皇的天花板、坚硬的大理石地面、华丽的柱子和精美艺术雕像的办公楼里，德米特里描述了他的实验计划，说他正在寻找有才能的学生来协助这项工作。克鲁辛斯基把消息放了出去。得知有这样一个机会后，柳德米拉深受吸引。她大学本科研究的是螃蟹的行为。尽管螃蟹的复杂行为非常有趣，但一想到能去研究狐狸——与她喜欢的狗亲缘关系很近——并且和像德米特里这样德高望重的科学家一起工作，那可太妙了。她不想放过这个机会。

1958年年初，柳德米拉来到中央研究实验室的办公室，见到了德米特里。初次见面，她就体会到，德米特里作为一名苏联男性科学家，尤其是以他这个级别，显得很不寻常。有些科学家相当专横，在女性面前显得高人一等。柳德米拉本身温和爱笑，身高1.5米，卷曲的棕色头发剪得很短，比实际年龄看起来更小，甚至大学还没毕业。但德米特里以平等的语气对她说话。她回忆说，德米特里那双目光锐利的棕色眼睛，如此强烈地表现出他的智慧和干劲，还散发出一种非凡的共情能力，这深深地吸引了她。当问起她的情况时，他似乎洞察到她的本质，仿佛从她一出生就认识她似的。她被他迷住了。这个不同寻常的人信任她，开诚布公地分享他所提出的大胆设想，这让她感到很荣幸。她从未体会在一个人身上同时看到这么不同寻常的自信和热情。

德米特里对柳德米拉详述自己的想法。“他告诉我，他想把狐狸培养成狗。”她回忆道。为了考察她在实验中的创造性，他问她：“假设现在养狐场有几百只狐狸，你需要选出20只做实验，你会怎么做？”她完全没有研究狐狸的经验，对狐狸养殖场可能是什么样以及狐狸会怎么对她，都只有模糊的概念。但她是一个自信的年轻女人，她尽自己所能提出一些合理的做法。她说，她会尝试不同的方法，比如采访和狐狸打交道的人，大量阅读已有文献。他靠在椅背上细细听着，心里盘算她对这份工作和研发新技术的认真程度。她不仅要有严谨的科学素养，还要有相当强的创造力。他问她，是否真的准备好去新西伯利亚，到科技中心去生活。毕竟，住在西伯利亚腹地会彻底改变她的生活，不能当成儿戏。

他显然也担心她可能承担的风险，谈及涉及的危险，他毫不讳言。他解释说，为了避开李森科一党，这项工作将对外宣称是研究狐狸生理学。至少目前，绝不能提到实验与遗传学有关。他还向她保证，在必要的时候，他会公开反对李森科，他有这个能力。但当时李森科及其团伙仍然有权力震慑遗传学家，哪怕是远在西伯利亚，也能毁掉他们的事业和声誉。柳德米拉明白这一点。大家心里都明白。不过，他坚持让她了解全部情况，这让她很感动。

他担心的另一点是她的科学职业前景。他非常严肃地直视着她的眼睛，希望把话说明白：实验可能不会产生任何有意义的结果。他希望实验会成功，他也相信会成功。但即便是这样，也可能需要很多很多年，甚至要搭进去她的余生。她的工作将是选择最温顺的狐狸进行繁育，并观察和记录每一代狐狸生理和行为上一切细微的变化。此外，由于科技中心还没有实验狐狸养殖场，她还得从新西伯利亚的研究所出发，长途跋涉前往分布在偏远地区的狐狸养殖场。他希望有一天可以就近建一个养殖场，但现在还没有条件。

柳德米拉仔细考虑了他的劝告，但她没有动摇。她明白，这项工作将是一个巨大的挑战，而德米特里无非是要求她做到最好，这让人充满干劲。

虽然柳德米拉看起来非常热情和谦逊，但是她令人敬畏的精力和决心使她成为一个不可小觑的角色。尽管苏联的科学界几乎完全由男性主导，但是她以极大的热情追求成为科学家的梦想，并在每一步都取得了优异的成绩。她想做的是开创性的研究。德米特里已经明确表示，在研究狐狸的工作时，她有很大的决策空间和权限，这很让人心动。正如她后来所说，感觉就像“中了大奖”。这座新兴科学城市可能会成为苏联科学的中心，而她不仅会成为其中的第一代研究人员，还会和德米特里这样杰出的人一起成就伟大事业。她对此深信不疑。她从德米特里那双具有魔力的眼睛里看到希望。她信任他。

柳德米拉从来没有想过自己会离开莫斯科去西伯利亚生活。她在莫斯科郊外长大，也热爱这座城市。她的家人都住在那里。他们很亲近，经常聚在一起吃饭和郊游。更何况她刚结婚，还生了个女儿。女儿玛丽娜要和她去那么遥远的地方，远离关系亲密的家庭成员，这太难了。而且，她的丈夫瓦洛佳（Volodya）是一名航空机械师，谁也不知道他能在那里找到什么样的工作，也很难预料他们的生活条件。她对新西伯利亚科技中心的了解，仅仅是它地处西伯利亚的腹地，大部分时间充斥着刺骨的寒冷。但她必须得去。最终的结果是，她丈夫全心支持，并笃定自己能在那里找到工作。更让她欣慰的是，母亲也决定，一旦他们安顿下来就过去，跟他们住在一起，帮忙照顾玛丽娜，让柳德米拉安心工作。1958 年春天，横贯西伯利亚的铁路载着他们前往新家。

那时，新西伯利亚科技中心还没有地方让德米特里建造实验性的狐狸养殖场。科学城还在建设中，就连细胞学和遗传学研究所都还没有自己的办公楼，更不用说找一个容纳数百只狐狸的场地。所以至少一开始，柳德米拉必须在商用狐狸养殖场做狐狸驯化实验。多年来，德米特里与养殖场的很多管理者建立了友好关系，妮娜·索罗基娜就是其中一位。他本可以选择在科希拉做实验，但那里太小了，不适合做大规模实验，另外距离也太远，柳德米拉不得不另找地方。

因此，1959 年秋天，柳德米拉经常坐在慢悠悠的火车里，穿过苏联广袤的荒野，经过一个个尚未受到现代化侵扰的村庄。她在一片片森林深处的小火车站下车，沿着泥泞的小路走访一座座商业狐狸养殖场，寻找进行实验的最佳地点。

柳德米拉每到一处，就会向养殖场主说明她和德米特里想进行的实验。他们需要一些独立空间和几百只可以用于测试的狐狸。不过，她解释说，实验中最后只会用极少数狐狸来繁殖，也就是那些最安静的。商业养殖场的很多人都很不解，为什么会有人愿意花时间去做这样的事。“很有可能，”她开心地回忆道，“要不是大家知道是德米特里派我来的，他们一定会觉得我疯了，可能还在心里嘀咕‘她想干吗？竟然妄想挑出最温顺的狐狸！’”但她一提到是为德米特里工作，大家的态度就完全改变了。柳德米拉回忆道：“只要德米特里博士一句话，就能得到足够的尊重。”

最终，柳德米拉选定了一个名为莱斯诺伊（Lesnoi）的大型商用狐狸养殖场。莱斯诺伊位于新西伯利亚西南方向 362 公里处，哈萨克斯坦和蒙古国边境的中间地带。像苏联其他商用养殖场一样，这个养殖场是国有的，在某个时期曾饲养了几千只用于繁殖的雌狐和几万只幼崽。莱斯诺伊给政府带来巨大财源，主管划给柳德米拉一小片地方来养她要繁育的狐狸，几乎不会有丝毫影响。她将从科希拉的试验种群中引进十几只狐狸，之后几年再从其他商用养殖场引进一些，但实验中用来交配的第一批狐狸将大多来自莱斯诺伊种群。

一般人需要花点时间才能适应莱斯诺伊养殖场。这是一个巨大的复合建筑，有一排排的露天棚子，每个棚子里容纳几百个笼子，每个笼子里有一只狐狸，经常不安地踱来踱去。即使这样，空间也不够，狐狸笼子似乎到处都是。对柳德米拉这个新手来说，气味尤其难以忍受。而且噪声可能会震耳欲聋，特别是一到喂食的时候，到处都是刺耳的尖叫声。一开始，喂养狐狸和清理笼子的一小批工人很少注意到，这个热情又年轻的女人正在有条不紊地对狐狸进行奇怪的测试。他们没有时间去好奇，因为每个人得负责照顾大约 100 只狐狸。

柳德米拉之前没有接触狐狸的经验，因此一开始狐狸的攻击性让她大吃一惊。当她走近狐狸的笼子时，它们就会咆哮并向她扑来——她称之为“喷火龙”。慢慢熟悉之后，她觉得很难相信它们可以被驯服。难怪德米特里告诫她实验可能要花很长时间。

在柳德米拉的请求下，莱斯诺伊养殖场的主管同意为母狐建造一些大的围栏，在前面的角落里建一个木制的窝，供母狐产崽。窝里垫上木屑这样母狐和幼崽都更舒服一些。在野外，怀孕的母狐会在树的基部、树根下、岩石裂缝下或山坡上，为即将出生的幼崽建造舒适的巢穴，巢穴入口较窄，往里渐宽，一直延伸到巢穴中心位置。一旦幼崽出生——通常一窝有2—8只——母狐就在窝里无微不至地照看它们。公狐会给它们带回食物。柳德米拉觉得，给怀孕的母狐提供这种舒适感很重要。

转眼来到1960年秋天。实验进行到下一步——从科希拉的试点项目转移一些狐狸到莱斯诺伊。此时，妮娜和她的团队已经在科希拉培育了八代狐狸。然而它们的变化仍然相当微小。十几只最温顺的狐狸被送到莱斯诺伊。总体而言，它们的性格只比皮毛养殖场的其他狐狸稍微安静一点。但在科希拉最后一个繁殖季出生的两只狐狸与众不同，明显更为沉静。柳德米拉看到它们时十分惊讶，它们甚至允许她把它们抱起来。这就已经比其他养殖场狐狸更像狗了，也让她对实验更有信心。她给它们起名“拉斯卡”（Laska，意思是“温柔的”）和“吉萨”（Kisa，意思是“猫咪”）。从那以后，柳德米拉给实验中出生的所有狐狸都起了名字，每只幼崽的名字都以它妈妈名字的首字母开头。一年年过去，她的同事们和饲养员都加入进来，一起开心地想名字。

在莱斯诺伊，柳德米拉的首要任务是挑选出更多实验用的狐狸。为此，她要考察养殖场数量众多的狐狸。她每年要从科技中心到莱斯诺伊往返四次：10月开始挑选最温顺的狐狸进行交配，次年1月下旬监督交配过程，4月观察刚出生不久的幼崽，最后在6月深入观察它们的成长过程。年复一年，周而复始。尽管莱斯诺伊离科技中心只有400公里，然而鉴于当时苏联铁路系统的状况，途程本身就让人筋疲力尽。她要在晚上11点从新西伯利亚出发，次日上午11点左右到达小城比斯克（Biysk），最后还要坐1小时公共汽车，才能抵达莱斯诺伊。

每天早上6点，柳德米拉就开始有条不紊地巡视，从一个笼子到另一个笼子。她戴着妮娜在科希拉所用到的那种5厘米厚的防护手套，分别测试在她走近笼子、站在关着的笼子旁、打开笼子和往笼子里放一根棍子时每只狐狸的反应，并按1到4分来打分，总分最高表示性格最安静。每天她要测试五六十只狐狸，这对体力和脑力都是一种考验。

当她靠近笼子或者把棍子放进去时，大多数狐狸都表现得很凶猛。柳德米拉很确定，要是有机会，它们会很乐意把她的手撕咬下来。小部分狐狸缩在笼子后面，但也绝不安静。只有极少数自始至终都很平静，专注地盯着她，但没有别的反应。她从这10%的狐狸中选择一些作为亲代来繁育下一代，加入来自科希拉的那几只狐狸的行列。

柳德米拉会在下午3点左右吃午饭，休息一小会儿，村里的小餐厅提供美味的罗宋汤、俄罗斯肉丸和煎饼。随后她回到养殖场，再测试几个小时。之后，在农场育种研究人员宿舍区分给她的那间小屋子里，她将记录下当天观察到的每一个细节。最后，晚上 11 点左右，她会在厨房吃一顿简单的晚餐，与屋子里其他人分享故事和笑话。她大部分时间都是一个人和狐狸在一起，虽然和它们的关系慢慢融洽起来，但她经常感到孤独。

1960 年 1 月，到了去观察狐狸首次交配的时候，这相当有挑战性。前一年 10 月来访时，她写了一份详细的计划，确定用哪些狐狸交配，让最安静的雄狐与最安静的雌狐交配，同时避免近亲繁殖。大多数狐狸在被带来交配时都很听话，但一些雌性会拒绝给它们分配的伴侣。柳德米拉只能迅速寻找另一只合适的来代替，这项工作压力很大。她不想让德米特里失望。她在没有暖气的棚子里一待就是几个小时，气温通常会降至-50℃到-40℃。她还非常想念丈夫和女儿玛丽娜。即使她知道母亲会好好照顾玛丽娜，她仍然感到很难过，因为自己错过了女儿成长过程中那么多激动人心的时刻。她甚至不能经常给家里打电话，因为莱斯诺伊养殖场没有电话，而用养殖场负责人的私人电话打长途也不太现实。莱斯诺伊和新西伯利亚之间的邮政业务更是出了名的慢和靠不住。

值得庆幸的是，她第二年 4 月和 6 月再来的时候，结果很让人欣慰。4 月，小狐狸们第一次睁开眼睛并爬出巢穴，观察它们是一种美妙的享受。狐狸幼崽和许多动物的幼崽一样可爱，刚出生时只比人的巴掌稍大，重量仅有一百克多一点。起初它们看起来柔弱无助，既看不见也听不见，直到出生 18、19 天后才睁开眼睛。它们看起来就像毛茸茸的小球。

野生的幼崽到 4 周大时，白天开始怯生生地爬出洞穴，之后再回来睡觉。一开始，它们彼此挨得很近，在对方身上打滚，还互相咬着玩。狐狸妈妈密切地关注着它们。很快，它们变得非常吵闹，彼此玩得更起劲了，经常互相扑打，用嘴拉扯对方的尾巴，咬对方的耳朵。夏天来临，母狐不再喂奶，也就不需要窝了。幼崽逐渐长大，玩耍变得更具攻击性，并建立起一种进食秩序，一两只开始占据主导。秋天之后，父母就不再给幼崽们喂食。这时狐狸们就分家，幼崽自寻出路，狐狸夫妇分道扬镳，第二年 1 月再寻找新的配偶。

为了模拟正常的养育过程，柳德米拉在实验中始终让幼崽待在母狐的围栏里，一直到它们两个月大。它们头一个月都紧紧缩在一起待在窝里，就像野生的幼崽一样。一旦它们开始尝试走出窝巢，柳德米拉就可让它们每天到棚屋旁的院子里玩一段时间。

柳德米拉在 4 月幼崽出生几天后就来到了这里。她详细地记录了每只幼崽的特点，包括皮毛的颜色、大小和体重，并记下它们成长的每一步——它们睁开眼睛了，能听到声音了，第一次开始玩耍……当她 6 月去莱斯诺伊的时候，这些两个月大的小家伙已经可爱得不得了。它们似乎很享受一起玩耍和在尘土中打滚。当它们睁着小眼睛抬头看着柳德米拉时，她总是忍不住微笑。幼崽的可爱令她心动，它们长大后的行为变化又会让她感到惊喜。

柳德米拉觉得实验开局不错，她喜欢和狐狸在一起的时光，但她也为这项工作牺牲很多。长期与女儿分开一直让她压力很大。她有时会想，是否应该在所里尝试研究别的项目。

第二年1月，有一次从莱斯诺伊返回时，柳德米拉在塞亚特（Seyatel）镇的小车站等车，准备搭乘公共汽车去科技中心。当时温度大约是-40℃，车站几乎没有暖气。得知公交车还有很久才来，她暗自决定，就这样吧，明天就去向德米特里递交辞呈，她们全家离开这个地方。但第二天早上，喝了一杯热咖啡，她意识到自己不能离开——她已经爱上了这项工作。

1961年1月的第二次交配季之后，随着第二代幼狐出生，她用于实验的狐狸种群有了100只雌狐和30只雄狐。在新一代幼狐的成长中，有几只与人类相处得很愉快，就像来自科希拉的那两只令人吃惊的狐狸拉斯卡和吉萨一样，柳德米拉和养殖场的饲养员都可以抱它们。不过，这些都是特例。其他幼狐长大后，只比通常捕获的银狐稍微安静一些，仍然会表现出恐惧或攻击性。它们有时甚至会咬人，所以在接触它们时还得戴手套。

不过，柳德米拉越来越有信心，实验是可行的。这不仅是因为最新一代狐狸的行为表现得更安静，也是因为养殖场部分工人对这些狐狸态度的转变。莱斯诺伊的一些工人被派去帮助她照顾狐狸，他们在给狐狸送食物或清理笼子时，开始抚摸那些最安静的狐狸，花更多的时间和它们待在一起，而且明显形成了一种情感联系。尤其是一个名叫菲亚（Fea）的工人，她爱上了那些狐狸。菲亚很穷，靠在养殖场里干活勉强维持生计。但是她每天都会把她的早餐带到养殖场，大部分喂给她最喜欢的几只狐狸。她喜欢抚摸它们，把它们抱起来，哪怕狐狸已经完全长大了，体重达到4.5—9千克。

对狐狸幼崽的喜爱是出于天性，毕竟它们既可爱又温顺。但是看到成年狐狸与人类形成如此强的情感联系，柳德米拉很吃惊。作为喜欢动物的人，她也能感受到它们的吸引力。她在做评估的时候偶尔会允许自己抚摸它们，或者抱抱它们。但大多数时候她都克制住了。她必须保持客观，科学地观察，并且保证其他人也能做到这一点。多年来她一直执着于此。但她确信，像菲亚这样的临时工与狐狸之间产生的情感联系，也是这项研究的重要组成部分。德米特里推测，人类的祖先因为动物温顺而选中它们，是启动驯化过程的第一步，这也正是菲亚目前所做的。不难想象，天性较温顺的狼冒险与人类始祖接触时，也会引起类似的反应。

柳德米拉在第二次6月去莱斯诺伊后返回细胞学和遗传学研究所后，德米特里和她一起开始分析所有的结果，汇总她收集到的大量数据。他们惊讶地发现，一些狐狸正在发生改变。通过观察雌狐生殖器官和分析阴道涂片，柳德米拉仔细地记录了每只雌狐在每个季节进入发情期的时间，利用这段短暂的时期，她可以让它们交配。数据显示，在冬季，一些更温顺的狐狸交配时间比银狐通常的交配时间提前了几天。不仅如此，它们的生育能力也稍强——它们平均每胎生产的幼崽数量略多一些。德米特里的理论认为，以温顺作为选择目标，启动了与驯化有关的所有变化。对温顺的选择与更频繁的生产之间的联系，是德米特里的理论的一个重要支撑。甚至交配周期的细微改变，似乎也有力地证明他所说的这种联系是正确的，因为长久以来，物种的交配周期都是固定不变的。他们并不仅仅是在繁育稍微温顺一些的狐狸，一次真正的驯化过程已经开始。

3

恩贝尔的尾巴

1963年4月的一个早晨，莱斯诺伊的第四代幼狐出生后不久，柳德米拉正在养殖场里巡视观察。幼狐才睁开眼睛，刚能离巢。在早期探索世界的这些日子里，它们尤为柔弱可爱。到3周大的时候，幼狐已经非常有活力。当母狐不给它们梳理毛发，听任它们紧紧地依偎在身边，或者整整齐齐排成一列挤在它肚皮上快乐地吃奶时，小狐狸就会在笼子里蹦蹦跳跳互相扑着玩儿，高兴地叫几声或是拽彼此的尾巴。小狐狸和小猫小狗一样可爱。某些幼态的特征——这些小动物的头和眼睛都大得不成比例，还有毛茸茸的身体和圆圆的小鼻子——让人觉得可爱得无法抗拒，仿佛在诱惑我们把它们抱起来蹭一蹭。极少数情况下柳德米拉会抑制不住内心的冲动而抱起一只小狐狸。但她尽力克制，只是冷静地观察。

性格最安静的母狐生出三十几只幼崽，柳德米拉每天都来看它们好几次，仔细观察它们对她的反应：性格是害羞还是大胆；如果她伸手去摸，它们是害怕还是保持冷静。她还会详细记录每只幼崽的体长、大小、毛色、解剖学特征和总体健康状况。那天当她走向围栏里的一窝小狐狸时，一只名叫恩贝尔的雄性小狐狸开始使劲地摇它的小尾巴。柳德米拉高兴极了。它看上去就像一只摇尾巴的小狗。她想，狐狸真的越来越像狗了！恩贝尔是那一窝里唯一摇尾巴的小狐狸，她觉得它好像在呼唤她，见到她兴奋不已。

摇尾巴来回应人类是狗的标志性行为之一，至少到那时为止，人们只观察到了狗会这样表达。她观察过的其他幼崽都没有类似的行为。无论是在圈养的还是野生的狐狸中，都未曾听说有这种行为。狐狸确实会对彼此摇尾巴，可能是为了除掉身上的跳蚤或其他寄生虫，并没有人看到过狐狸幼崽在人类靠近时摇尾巴。

柳德米拉很快冷静下来。她对自己说，不能小题大做，至少现在还不可以。很明显，恩贝尔已经开始摇尾巴来回应她。但她必须反复确认，仔细观察下次她来看它和它的兄弟姐妹时，恩贝尔是否又开始摇尾巴。尽管如此，这还是一个让人高兴的开始。摇尾巴可能是最初的迹象，表明狐狸开始与狗有相似的行为。她希望那天早间观察时其他小狐狸也会对她摇尾巴。但是它们并没有。不仅是那天，之后两周也没观察到。但恩贝尔确实一直在摇尾巴，而且毫无疑问，它是在她靠近时才开始摇尾巴的。它还摇尾巴来回应饲养员的关注。

恩贝尔只是特例吗？还是说德米特里和她已经发现遗传学上有关动物行为起源的重要证据？巴甫洛夫及其后的许多行为主义学派研究者认为，狗对人类做出的行为，包括摇尾巴在内，都是出于条件反射。巴甫洛夫已经证实，经过训练后，狗一听到铃声就会分泌唾液。但要想通过这种方式获得一种新的行为，动物必须多次受到与这种行为相关的刺激。巴甫洛夫最著名的拥护者之一、美国心理学家 B.F. 斯金纳，证实了另一种条件反射，他称之为“操作条件反射”（operant conditioning）。这种训练需要在动物做出某种行为时给予奖励。比如在斯金纳的一项著名实验中，每当老鼠踩下控制杆时，斯金纳就奖励它们一粒食物。一开始，老鼠只是随机踩下控制杆，但当食物出现几次后，它们开始有意地踩控制杆。这种方法用于训练各种动物，例如狗、海豹、海豚和大象。但恩贝尔向柳德米拉摇尾巴的行为，与每种条件反射都不相干。恩贝尔只是自发地开始这样做。就像德米特里预测的那样，这只小狐狸可能是狐群中的佼佼者，它表现出像狗的特征，这种特征是全新的，但也是与生俱来的。不过，单单一只动物表现出新的行为，哪怕是重复性的，也可能只是一种怪癖。所以，人们很期待看到恩贝尔的下一代或是明年春天的其他幼崽是否会摇尾巴。

柳德米拉在恩贝尔这一代没有观察到其他显著的新行为，但她确实注意到，测试中有更多幼崽明显比前几代更安静。更温顺的雌狐会比野生雌狐提前几天进入发情期。这也是好迹象，表明实验正在不断产生明显的结果。

她很想马上把这个消息告诉德米特里，但得等回到研究所之后。她总是在从莱斯诺伊回来后马上与他见面。这对她来说有特殊意义，因为这是让他们深入讨论观察发现的难得机会，还可以分享对结果的看法。德米特里希望能花更多的时间和她一起进行狐狸实验，也想定期去看狐狸。但他忙于管理研究所，迄今为止只偷空去过莱斯诺伊两次，旅途匆忙。柳德米拉带着最新消息回到研究所后的会面，对德米特里来说也是特别的。

他会邀请柳德米拉到办公室，沏上他最喜欢的茶——一种风味特殊的印度茶和锡兰茶混合饮品，再加一块半的糖，据德米特里的秘书回忆，“次次如此，毫无例外”。他首先会问问柳德米拉的丈夫、女儿和母亲的情况，因为他知道，柳德米拉一人远在莱斯诺伊时，她的家人会很辛苦。然后他才会问她的进展如何。虽然德米特里是一个执行能力很强的人，做事讲究速度，但是他仍然会花时间用这种方式来了解下属。他理解来回奔波对于柳德米拉来说是多么困难，尤其是没时间陪伴女儿——小玛丽娜初学走路了，正是可爱的时候。柳德米拉回忆道：“每当我感到迷茫的时候，他（指德米特里）都能体会到。只要我一开口，甚至一句话没说完，他就知道我要说什么。”

这次见面，她很高兴给他带来尤其激动人心的消息——与前几代相比，一些狐狸显得更为安静，更多雌狐出现繁殖期稍长一些的迹象。她还说了恩贝尔摇尾巴的事。德米特里也认为这可能很重要。恩贝尔之所以摇尾巴，似乎是因为它对人类产生了一种新的情感反应。如果其他幼狐也开始这样做，那可能就是驯化过程中迈出的一大步。尽管他们还需要时间来证明这一点，但他们现有的记录已经足够有说服力。德米特里认为，是时候向世界遗传学界宣布结果。他已经确定要在1963

年荷兰海牙举行的国际遗传学大会（International Congress of Genetics）上做一次演讲，这将是发表研究成果的绝佳机会。自李森科几十年前一步步攀上权力高峰以来，这也是政府首次批准苏联遗传学家代表团参加该会议——很明显，李森科在权力斗争中逐渐失势。该会议每五年举行一次，是世界遗传学领域最重要的会议；此次遗传学会议“不可错过”。德米特里确认过他在受邀参会的名单上。

过去几年，不只苏联遗传学界一直在与李森科斗争，其他学科的科研人员也参与进来。1962年，苏联最受人尊敬的三位物理学家开始公开抨击李森科的研究。此后李森科又担任了两年遗传学研究所的所长。等到1964年，物理学家安德烈·萨哈罗夫（Andrei Sakharov）在科学院大会上的演讲中痛斥李森科，指责他“对许多真正的科学家进行诽谤、逮捕甚至谋杀……导致苏联生物学落后的可耻局面”。李森科随后被免职。此后不久，政府正式公开清算李森科，彻底否定了他的工作。德米特里的妻子回忆，当时他非常激动。苏联遗传学终于可以开始奋起直追、挽回错过的时间。

在海牙的国际遗传学大会上，德米特里介绍了狐狸实验背后的假设——对温顺个体的选择会导致整个种群的驯化——并解释了实验的具体操作，他让听众了解到试点研究的结果，进而明白所有最新成果。这给在场听众留下深刻的印象；此前没有人听说过这种驯养实验。这太大胆了。这次演讲的听众之中，有加州大学伯克利分校的迈克尔·勒纳（Michael Lerner），很多人将他视作世界上最权威的遗传学家之一。会后，他向德米特里做自我介绍，两人进一步讨论实验。勒纳被这项工作的规模和独创性所打动，他和德米特里开始通信，以了解彼此的研究。德米特里参加大会的主要目的之一是向西方遗传学家宣传这项实验，要做这项工作，再没有比勒纳更好的人选了。几年后，勒纳在他写的教科书——动物育种领域的大部头著作——中提到了这项实验的结果。德米特里写信给这位朋友说："我很高兴看到里面提到我的研究。"[1]

苏联科学家要打破壁垒，在国外获得这样的认可，在当时依然是几乎不可能的。尽管他们可以公开跟进西方的研究动态，一部分人还可以参加一些国外会议，但冷战正在升级，苏联政府让科学家们难以向苏联以外的科学期刊提交研究成果。即使有时可以让西方访学者将论文偷偷带出国，苏联科学家的大部分工作依然不为外界所知。

德米特里很敏锐地觉察到，团队的研究人员对这种孤立深感沮丧。近年来，西方在遗传学方面取得重大进展。德米特里虽然无法帮助团队成员在西方学界发表成果，但至少可以帮助他们从事前沿工作。他努力把细胞学和遗传学研究所建设成一流的研究中心，正如杜比宁当初选择德米特里作为得力助手时所期待的那样，德米特里是一位知道如何招募顶尖人才的强大领导者。狐狸实验只是研究所做的许多重要项目之一。其他研究人员在做基础遗传学研究，比如编纂大量物种染色体档案的重大项目。还有一些人则致力于研究细胞的功能和构造原理。

另一个小组在研究作物育种。

德米特里也试图在研究所的工作人员和学生之间培养一种合作互助的精神。这很困难，因为建造研究所大楼的事情已经搁置多年，研究所的 342 名工作人员，包括科学家和学生在内，都一直分散在 5 座不同大楼的研究基地。[2] 1964 年，他充分利用自己在政治谈判上的精明头脑，终于得以让所有人聚在一起工作。当新办公楼的建设终于开始推进时，科技中心实力日益强大的计算中心（Computing Center）极力游说，声称他们比细胞学和遗传学研究所更值得拥有一个漂亮的新家，但德米特里顶住了压力。大楼一完工，甚至在剪彩之前，他就告诉员工开始在里面收拾出办公间。他们只用一个周末就搬进来，速度实在太快，还没等计算中心的领导得到消息，事情就办完了。[3]

德米特里很享受晚间的时光，白天处理完大量行政事务，这时他终于可以转向科学研究。他经常邀请一群研究员或学生和他一起讨论研究进展。他对秘书说："好了，就是今晚，现在我可以做一些科学研究！"他会让秘书召集人员来他的办公室开工作会议。这需要占用大家挺长时间，但他让大家觉得时间花得值得，因为可以畅所欲言。他们都变得活跃又富有生气。他的秘书回忆，办公室里经常爆发出叫喊，但更多的是笑声。他认为科学讨论就应该是这个样子，就好像他小时候跟哥哥尼古拉去参加的切特韦里科夫科学小组的"喊叫会"。

有时候讨论会也在德米特里家里召开。他家离研究所只有几步路。他的妻子斯维特拉娜会做一顿美味的晚餐，参会的人在晚上 9 点左右一边吃一边热烈讨论时事。德米特里这时脱下黑色正装，摘了领带，穿着很随意，有时还会滔滔不绝地讲故事。“他是一个优秀的讲述者和演员，”他的学生，也是后来的同事帕维尔·博罗丁（Pavel Borodin）回忆道，“他不只是讲故事，还会扮演故事里的角色”，模仿得惟妙惟肖。晚饭后，他们会和德米特里一起去楼上的书房，进一步讨论科学和期刊论文的问题。

柳德米拉非常享受这些会议，她也喜欢听同事们激烈地讨论狐狸实验有趣发现的意义。他们惊讶于初步结果，并反复讨论是什么导致这些变化。很快，她将会跟他们分享一组惊人的新发现。

1964 年，柳德米拉在新一代（第五代）幼狐中没有观察到重大的新变化。那年 1 月，她让恩贝尔和一只温顺的雌狐交配，希望他的某些幼崽也会摇尾巴，但一只也没有。那一年其他雌狐生下的幼崽也都不会摇尾巴。不过，越来越多的幼狐明显变得温顺了。

再下一代的幼崽则完全不同。1965 年 4 月，柳德米拉去莱斯诺伊观察第六代新生幼崽，发现它们有了一系列让人兴奋的新行为，看起来特别像狗。当她靠近时，这些小狐狸挤在前面的围栏边，试图用鼻子蹭她，还翻过身来，显然是想让她摸摸肚皮。柳德米拉伸手去试时，它们也会舔舔她的手。如果她离开，这些小狐狸会发出哀号声，似乎想让她留下来。它们在饲养员面前也表现得差不多。就像恩贝尔摇尾巴一样，过去无论是在野生状态还是在人工饲养的狐狸中，都从未有人观察到它们对人有这样的行为。幼崽确实会呜呜叫唤来向母狐乞食和求关注，但从未有人见过它们通过叫唤来吸引人类的关注。也从未有人记录过狐狸舔饲养员的手。这些幼崽的“哭诉”如此打动人心，以至于柳德米拉不忍心让它们失望，现在她经常在笼子前流连，多待一小会儿再离开。毫无疑问，这些幼崽似乎从一学会走路就急切地渴望与人类接触。[4]

德米特里和柳德米拉决定把这些表现出新行为的少数狐狸称为“精英”。他们设计了一个严格的分级方案：三级狐狸躲避实验员或对人类具有攻击性；二级狐狸允许人抚摸，但对实验员没有情绪反应；一级狐狸态度友好，表现出呜呜叫唤和摇尾巴的行为，而精英级（IE 级）除了有这两种行为，还发出独特的呜咽声来求关注，当柳德米拉来观察它们时，它们会用鼻子嗅、用舌头舔，明显表现出与人类接触的热情。

第二年，恩贝尔的后代又出生了。柳德米拉希望这一窝的幼狐会摇尾巴，然而结果再次让她失望了。但到了第三年，也就是 1966 年，恩贝尔繁育出的第三窝幼狐中，有一些确实会摇尾巴。恩贝尔不是异类，而是先行者。现在，德米特里和柳德米拉已经获得一些证据，表明摇尾巴是会遗传的。

在第七代幼狐中，有更多幼狐表现出呜呜叫、舔舐和仰躺着让人挠肚皮的行为，但是除了恩贝尔的幼崽外，没有一只会摇尾巴。不同窝的幼崽也有不同的变化。一些温顺的狐狸的基因组成发生了一些改变，让它们自发表现出一整套全新的行为。这些变化体现在越来越多的幼狐身上。第六代中，1.8% 的幼狐是精英级；到第七代，大约有 10%；到第八代，温顺的狐狸不仅会摇尾巴，而且有些是卷尾，这是另一个非常像狗的特征。

在动物发育的早期，其行为就发生如此众多不同的变化，这尤其值得注意。自然选择使发育机制稳定下来，一种性状一旦在早期发育阶段出现，就很少会改变，大概是因为这些生长阶段在生存竞争中至关重要。这就是为什么所有狐狸幼崽睁开眼睛、从巢穴里出来的时间都相对固定。但最温顺的幼狐连这条规则都打破了。柳德米拉细致的观察显示，温顺的幼狐对声音产生反应的时间比正常情况提前了两天，睁眼的时间也提前一天。她想，这些小狐狸似乎迫不及待地渴望开始与人们互动。

柳德米拉继续观察这些温顺的幼狐的新行为。她发现，它们不仅将这些新行为保留下来，而且所有狐狸中均可见到的幼态行为特征在它们身上持续的时间更长。包括狐狸幼崽在内，几乎所有的动物幼崽都充满好奇、爱玩、相对无忧无虑。但是，不论是野生的还是圈养的狐狸，在出生 45 天左右后，其行为会发生巨大变化。如果是在野外，幼崽就开始更频繁地独自探索世界。这个时候它们会变得更加谨慎和焦虑。柳德米拉发现，温顺的幼狐保持这种顽皮和好奇心的时间几乎是一般幼崽的两倍，大约长达三个月。之后，它们依然明显比一般的狐狸更安静和喜欢玩耍。这些温顺的狐狸似乎在拒绝长大。

不到十年间，实验取得的成就远远超出了德米特里的预期。现在时机已经成熟，他决定在科技中心建一个实验性的狐狸养殖场，进一步扩大规模。有专门的养殖场来做实验，就可以容纳更多的狐狸种群，柳德米拉也可以持续观察，不用一年跑四次。德米特里可以派科研助理和研究所的学生来帮助她，研究所也可以对狐狸身上发生的变化进行更深入细致的分析。更重要的是，他终于可以定期去看望狐狸。由于研究所繁重的行政工作，再加上经常出差去参加会议和做演讲，他仍然只能抽时间匆匆去莱斯诺伊养殖场几趟，亲自看看那些狐狸。莱斯诺伊的狐狸实验有了具有说服力的成果，德米特里现在可以证明，拨大笔款项建设和维护实验养殖场是合理的。他现在也有这样做的行政权力。于是他开始寻找建养殖场的地方。

1967 年 5 月的一天，德米特里整理完柳德米拉收集的第七代狐狸的数据后，兴奋地把她叫到办公室。他说自己整晚根本没睡，脑子一直在飞速运转。关于导致狐狸产生变化的原因，他有了一点想法，于是让她召集所里的一些研究人员来他的办公室。他们一坐下来，德米特里就迫不及待地说："朋友们，我想我差不多明白了驯化实验中观察到的情况。"

德米特里已经认识到，他们在狐狸身上看到的大部分变化，都关系到这些特征出现和消失的时间节点的变化。他们在温顺的狐狸身上看到的许多变化，都伴随着延续更久的幼年期特征。呜咽是狐狸的幼年行为，通常在成年时消失。同样，狐狸刚出生时非常安静，但长大后会变得非常容易紧张。一些雌狐生殖过程的时间节点也发生了变化。它们会更早进入交配期，持续的时间也明显更长。

人们已经知道，激素参与调节发育和生殖系统的节律，也可以调节动物压力水平，或平静的程度。德米特里确信，在温顺的狐狸中，激素水平正在发生变化，而这一定是驯化过程的关键。如果这个猜想是真的，就可以解释三个问题：为什么驯化的动物比野生动物看起来更幼态？为什么驯化的动物可以在正常交配时间之外繁殖？为什么驯化的动物在我们身边如此平静？

20 世纪初，激素的发现动摇了动物生物学的基础。那时，神经系统的基本运作方式才刚开始一点点被揭示出来，大脑和神经系统被认为是控制动物行为的中枢。而激素的发现表明，我们的身体似乎也受到一种化学信息系统的控制，它通过血液而不是神经来起作用。首次发现的激素是与消化有关的促胰液素（secretin）。之后不久又发现了肾上腺素（adrenaline，因由肾上腺产生而得名，英语又称 epinephrine）。接着，人们又发现了越来越多的激素。1914 年的圣诞节，甲状腺素——由甲状腺产生的激素——被鉴别出来；20 世纪 20、30 年代，人们发现了睾酮、雌激素和孕酮以及这些激素在调节生殖活动中的作用。随着时间的推移，研究表明这些激素水平的变化会显著影响正常生殖周期，这最终促成避孕药问世并于 1957 年进入市场。

20 世纪 40 年代中期，人们又发现了另外两种肾上腺激素——肾上腺皮质酮（cortisone）和皮质醇（cortisol），和肾上腺素一起，统称为应激激素（stress hormones），因为它们都能调节压力水平。在感知到危险时，肾上腺素和皮质醇水平会迅速上升，这是“攻击或逃跑反应”（又称“战逃反应”）的关键。1958 年，科学家宣布分离出另一种激素——褪黑素（melatonin）。这种激素由松果体分泌，除了影响皮肤的色素沉着，在调节睡眠模式和生殖周期时间节点上也起到重要作用。

研究还表明，一种激素很少对生物体产生单一的影响。也就是说，大多数激素会影响一系列不同的形态和行为特征。例如，睾丸激素不仅关系到睾丸的发育，还涉及攻击性行为，以及肌肉、骨量、体毛和许多其他特征的发育。

德米特里研究了有关激素的文献。结果显示，尽管确切方式尚不清楚，但激素的产生在某种程度上的确由基因调控。他认为，调节激素分泌的基因或基因组合，可能就是他们在温顺的狐狸身上看到的许多甚至是全部变化的原因所在。驯化选择改变了这些基因的表达方式。自然选择使狐狸体内的激素组成稳定下来并让狐狸在野外表现出特定的行为。现在他和柳德米拉对温顺的选择打破了这个平衡。

德米特里想，为什么会发生这种事呢？动物稳定的行为和生理学特征是与它所处的特定环境相适应的。动物交配季被设定在一年中食物和阳光最有利于幼崽生存的时候；它们的毛色在自然环境中达到最佳的拟态效果；应激激素的产生让它们能够对抗或逃离环境中的危险。但是，如果它们突然来到一个完全不同的生存环境、面对完全不同的生存条件呢？这就是实验中狐狸面临的改变：在它们当下所处的环境中，与人相处时表现得温顺是最有利的。因此，在野外，自然选择稳定下来的行为和生理形态就不再是最佳模式，必须做出调整。德米特里认为，在这种改变带来的压力下，动物基因的活动模式——它们调节身体功能的方式——可能会发生明显改变。随之可能会出现一连串的变化。很有可能，其中最关键的就是激素分泌的调节机制、时间节点和各种变化，这在动物对环境的适应中至关重要。后来，他又在影响因素里中加入了神经系统的变化。他将这种新过程命名为“去稳定选择”（destabilizing selection）。[5]

柳德米拉和其他人需要时间来消化这个想法。这个理论太激进。因为不涉及突变而改变基因活动的概念几乎还没有文献记载。德米特里推测动物的一些变化可能不是来自 DNA 的改变，而是通过以新的方式激活已经存在的基因或使之休眠；他走在科学界的前面。从科学意义上讲，之前他们一直在盲目地做实验，没有真正的理论指导。现在他们有了理论。虽然他们还没有证据证明这一点，但这仍然是一个有趣的想法。如果理论是正确的，那就可能解释很多东西。德米特里希望，狐狸实验最终能让他们验证这一想法。

在研究所东北方向约 6.5 公里处，德米特里看中了一片森林，那里有喜人的松树、白桦和山杨，从中可以划出一片好地来建设狐狸养殖场。设施很简单：有 5 个木棚，每个木棚可以容纳 50 个大栏圈。喂食采用滑索装置，工作人员可以通过牵引上下运输大桶食物。每个棚子后面都用围栏圈出将近 10 平方米的空地，每天能让狐狸过去活动、玩耍一段时间。很快又建造了 15 米高的木制瞭望塔，柳德米拉可以坐在那里用双筒望远镜观察并记录狐狸玩耍和互动的行为，同时又不会打扰它们。那里还有一家兽医诊所，生病或受伤的狐狸可以马上得到治疗。

1967 年秋末，柳德米拉让人将 50 只母狐狸和 20 只公狐狸从莱斯诺伊运到新的实验养殖场。随后还有更多的狐狸从莱斯诺伊运来，最终这里容纳了 140 只温顺的狐狸（其中 5%—10% 是精英）。柳德米拉和养殖场主为狐狸们雇用了几名饲养员。她们每天给狐狸喂两次食，也放狐狸到院子里玩。她在雇工时非常小心，因为她希望饲养员们不仅不怕狐狸，而且喜欢和狐狸在一起，并会好好照顾它们。不久，她就发现这些工友不仅热心照顾狐狸，而且很多人都爱上了它们。

饲养员多数是来自附近小镇坎斯卡亚扎伊姆卡（Kainskaya Zaimka）的当地妇女，德米特里安排一辆巴士每天接送她们。他每次去养殖场，只要有时间，一定要和她们聊几句——虽然时间总是没有他希望的那么多。他迫切想见这些工人，他会走过去介绍自己并同她们握手。一名女工回忆说，她犹豫了一会儿，因为她很尴尬，觉得自己的手太粗糙，于是抱歉地说手太脏，但他握住她的手，对她说："劳动人民的手永远不脏。"[6] 她很感动，一个地位如此高的人，重要科研机构的负责人，竟然对自己如此热情。

这些饲养员很快就对狐狸产生深厚的感情。她们热心地照料它们，远远超出日常工作的职责范围，要不是她们随时留意抢救，许多小狐狸可能都会冻死。有时狐狸妈妈在幼崽出生后就不管它们，任它们待在早春的寒冷天气里。即使在4月，气温也可能降至零摄氏度以下。女工们会脱下自己的厚皮帽，把这些无助的小绒球装在里面，或者塞到衣服下面抱在怀里，直到它们暖和过来，开始不断扭动。

偶尔养殖场有人到访，饲养员们会抚摸那些温顺的狐狸，把它们抱起来，让访客看它们有多么乖巧。最温顺的狐狸即使完全成年，也会允许饲养员用胳膊搂着它们，或者紧紧地抱住，在西伯利亚寒冷的冬天，这种感觉很舒服。有些狐狸被人抱起来的时候会扭动，而其他狐狸安安静静的，饲养员简直被它们迷住了。

在饲养员们日常巡视将手伸进笼子时，有几只狐狸会舔她们的手。但是她们并不鼓励这种行为。她们要遵循严格的规则，尽可能对所有狐狸保持客观，无论内心多么喜欢它们，也无论狐狸们怎样大声叫唤求关注。有时这甚至说是一种挑战，因为女工们进入棚子时，最温顺的狐狸会呜呜叫唤，弄出很大的动静，就好像在争宠，大声叫着："别管她了，来看看我！"

这些温顺的狐狸不单是和饲养员，同柳德米拉以及她的研究助手，也建立起紧密的情感联系。它们甚至允许人们直视它们的眼睛，似乎还会直视回去。包括犬科动物在内，野生动物直视群体中的其他成员，通常被视为挑衅，会引起对方的攻击。如果人类这样做，那就是要动物发动攻击。但对于家养的动物，比如很多狗来说，凝视人类的眼睛是很常见的事。[7]现在这些温顺的狐狸也是这样。

尽管饲养员们克制住抚摸狐狸的冲动，但是她们开始经常和它们“聊天”，而且总是叫它们的名字，这些名字就写在挂在笼子上方的木片上。一些饲养员在喂食或带它们到院子里玩耍的时候，几乎一刻不停地和它们说话。她们越来越喜爱这些狐狸，对工作投入的精力越来越多。从在养殖场出生的第一窝开始，妇女们就开始帮助柳德米拉给幼狐取名。这挺难的，因为需要为每一窝幼崽想出六七个以母狐名字首字母开头的名字。女工们成了受柳德米拉信任的“耳目”，如果哪只小狐狸没吃东西、有感冒的迹象、经常挠自己，或者看起来不太好，女工们就会立即提醒她。很多人经常加班加点地工作，从不抱怨。大多数人都想尽可能多花点时间和狐狸们待在一起。

柳德米拉也是如此。她总是要做大量的数据分析、汇总结果，所以她每天头一件事就是去细胞学和遗传学研究所做这些工作。如果德米特里有空，她就向他汇报狐狸的近况以及她的工作计划。然后她就可以去养殖场享受一天中最喜欢的时光。第一站通常是去兽医办公室，看看有没有狐狸不舒服。然后她会看看工人们——现在她更多地把她们当作看护者。之后柳德米拉开始在狐狸笼子之间巡视，狐狸们总会蹦到笼子前方来，吵吵嚷嚷，好像在和她打招呼。现在很多狐狸会呜呜叫着争宠，在她从笼子之间走过时紧紧地跟着她的步伐。现在狐狸养殖场离得近，柳德米拉下班后也经常不由自主地往养殖场跑，尤其是当她觉得需要情感治愈的时候。“我会去养殖场，”她回忆说，“和狐狸们交流感情。”

一般来说，她每天要在狐狸们身上花 3 到 4 个小时。很大一部分时间要用来采集常规数据：行为、大小、生长速度、毛色、大致体型，如果是幼狐，还要记录一些重大事件，比如第一次睁眼的时间。她还每天记录狐狸对待她和助手以及工人们的行为；在观察幼狐时，还要看它们如何对待彼此，谁舔了人的手，谁摇尾巴了。虽然决定谁将用于繁育下一代的“正式”行为数据会在个体幼年期记录一次，成年后再记录一次，但这些关于狐狸行为的日常记录很重要，因为这给了柳德米拉和德米特里一个精细的标尺，让他们深入了解正在发生的变化。

利用养殖场空余的房间，柳德米拉也开始饲养对照组的狐狸，这样她和德米特里就可以观察这些狐狸的行为和生理机能，与那些繁育得更温顺的狐狸进行细致的比较。对照工作中的一个重要部分，是测量两个种群的激素水平，特别是与压力相关的激素。德米特里和柳德米拉确信，这些激素在某种程度上与狐狸变得温顺有关。在莱斯诺伊，柳德米拉只能偶尔采集血液样本，因为她需要工人帮忙抓住狐狸，她和助手才能去采集血液。现在她可以经常采集。这种困难而费时的采样工作，很快就会产生丰厚的回报。

有实验性养殖场的另一个好处是，德米特里终于可以和狐狸亲密接触。他经常去养殖场，哪怕有时候只能从研究所溜出去待上几分钟。他特别喜欢看幼狐在院子里玩耍，亲眼观察实验组和对照组的幼狐在行为上的显著差异。他来时，柳德米拉总会带一群最温顺的小狐狸出来，让他感受一下它们怎样舔他的手，或翻过身来让他抚摸肚皮。他非常喜欢这些温顺的小狐狸，特别开心它们变得如此像狗；他开始在跟人讲这些狐狸的时候模仿它们，就像在家里聚餐时给工作人员讲故事时那样。所里的一名研究员回忆道："谈到这些狐狸时，德米特里的动作、说话的方式都会发生变化，他一举一动都像一只温顺的狐狸，整个人就像一只驯化的狐狸。"他会像乞求般拱起手腕，一脸微笑，尽可能睁大眼睛，模仿狐狸兴奋的反应。同事们非常喜欢这一点，这显示了他全新的一面——狂热的动物爱好者。

德米特里偶尔也会带访客到养殖场去看狐狸，比如苏联科学院的高级领导或去科技中心视察的政府官员。这些人也总是被温顺的狐狸迷住。柳德米拉对一次访问记忆犹新："我记得那天已经很晚了，所有的工人都回家了，德米特里带着著名的将领斯拉夫斯基将军（General Slavsky）来到狐狸养殖场。我事先得到通知说他要来，所以一直在恭候这位名人。"斯拉夫斯基面容严肃，多年的军旅生涯（包括亲历第二次世界大战期间苏联前线的残酷战争），让他拥有超强的军事素质。而当柳德米拉打开关着一只精英雌狐的笼子，狐狸径直跑向柳德米拉，在她身边躺下时，将军令人生畏的气场消失了。"斯拉夫斯基很吃惊。"柳德米拉说，"他蹲在狐狸身边，摸它的头，待了好长一段时间。"不可否认，最温顺的狐狸对人们有着强大的情感影响。虽然研究这种影响并不是实验宗旨的核心部分，但他们意识到，这是一个重要的发现，可能有助于解释驯化是如何开始的。

一些温顺狐狸身上迅速出现这种殷勤行为，正好吻合德米特里的观点，即狼的驯化过程是由首先变得温顺的动物引发的。现在这个实验也许能提供重要的线索，解释驯化过程随后的加速进行。

关于狼的驯化，一种长期存在的看法是，人类收养狼的幼崽时，也许选择了那些特别可爱、面部和身体幼态特征最明显的狼。但如果首先开始主动接触的是狼而不是人类，情况又如何呢？如果是人类主动接触，无疑更具冒险性，一些较温顺的狼可能已经开始进入人类的营地寻找食物。考虑到它们是夜行动物，也许它们是在人类先祖睡觉的时候溜进了人类营地。或者它们学会了紧跟着人类群体去捕猎。不难理解那些与人类相处比较轻松——天然半驯化的狼为什么会这样做。毕竟相比野外，人类这里有更可靠的食物来源。但是早期人类群体为什么会允许狼进入他们的领地呢？狼在逐渐变成狗的过程中，或许可以帮忙狩猎，并充当哨兵，在危险来临时发出警报。但在狼很好地履行这些职能之前，一定有早期的过渡阶段。如果银狐的驯化过程真的是在模仿狼的驯化过程，那么银狐这些讨喜的殷勤行为可能也出现在狼的早期活动中。这或许让它们更加吸引人类的早期祖先。[8]

不过，是什么促使狼的行为发生变化？柳德米拉会有意识地选择最温顺的狐狸交配。难道早期人类也会用类似方法主动让狼交配？也许他们根本不需要。自然选择很可能偏爱那些能依靠人类获得可靠食物来源的狼。而同人类关系更友好的狼可能会不知不觉地与其他围着人类打转的友善的狼亲密接触，这样就会选择跟它们一样处于半驯化状态的同类作为伴侣。这就会产生一种全新的选择压力，使狐狸倾向于更温顺，狐狸实验中正是用到了这种选择压力。如柳德米拉和德米特里所见，这种青睐温顺的新的选择压力，可能足以触发最温顺狐狸的身上可见的各种变化。整个过程所需的时间或许比柳德米拉的人工选择要长得多——通常认为狼的驯化就是通过漫长的自然选择——但背后的主要推动力可能是一样的。

德米特里和柳德米拉也意识到，狐狸最初出现可爱的行为，或许能为动物表达的进化甚至动物情感的本质提供一些重要的新视角。这些是当时争论的热点话题，关于动物是否像人类一样有情感，动物的行为是表达情感还是只是自动反射，争论已经持续了几十年。

达尔文对动物情感非常感兴趣，在这个主题上做了广泛的研究，汇总于他的经典著作《人类和动物的感情表达》(*The Expression of the Emotions in Man and Animal*)。这本书出版于1872年，书中配有达尔文委托当时一些顶级动物插画家绘制的精美插图，展示动物情感表达方式。例如，猫拱起背、翘起尾巴，是表示喜爱；狗抬头向上看，是顺从和喜爱的姿态。

达尔文认为许多动物都有丰富的情感生活，他认为它们的情感，还有思维能力，与人类是一致的。他在《人类起源》(*The Descent of Man*)一书中写道：“虽然人类和高等动物在思想上的区别很大，但肯定只是程度上的区别，类别上并无区别。”在《人类和动物的感情表达》一书中，他对动物和它们所能感受到的强烈情感表现出了极大的同理心。“年幼的猩猩和黑猩猩沮丧的样子，”他写道，“表现得就像我们的孩子那样明显，几乎让人同情。”[9]达尔文认为，人类的许多情感表达也出于本能。为了说明这一点，他还加入了一组显眼的照片，这些照片上的人都有典型的表情，比如悲伤、惊讶和快乐。

动物行为研究中的一个学派最终追随达尔文的脚步，记录了动物与生俱来的一系列令人吃惊的复杂行为，包括但不限于情感行为。越来越多的证据表明，动物行为受到基因设定的影响，动物行为多数通过自然选择形成的观点成为范式。

一代又一代勇敢的动物行为学家效仿列昂尼德·克鲁辛斯基和其他观察野生动物的先驱，前往森林、草地、溪流和山脉进行研究。其他人开始通过新技术同时观察野生和圈养的动物。尤其是康拉德·劳伦兹（Konrad Lorenz）、卡尔·冯·弗里施（Karl von Frisch）和尼古拉斯·丁伯根（Nikolaas Tinbergen），这三位科学家为促进人们对动物行为的理解做出了巨大贡献，因此在1973年共同获得诺贝尔生理学或医学奖。他们的研究主要在20世纪30年代到50年代开展，其新颖的成果在生物学和心理学的会议中常被谈及。

自然选择塑造动物行为的论点很有力。劳伦兹、冯·弗里施和丁伯根观察到的许多行为，通常具有明显的生存优势。

冯·弗里施在蜜蜂身上观察到最令人惊奇的一种复杂行为，并进行了巧妙实验。实验显示，当蜜蜂找到蜜源，并返回蜂房时，它们会发送信号，并表演"八字舞"，告知对方在哪里能找到花粉和花蜜。

丁伯根观察到，棘鱼进入交配期时有标准的复杂行为。他发现雄棘鱼总是会挖差不多5厘米宽、5厘米深的小沙坑，再铺上一团从周围水中一点点收集来的藻类。然后雄棘鱼会从这团海藻中穿过，制造出一个通道。最令人惊讶的也许是随后雄棘鱼会变色，背部从正常的蓝绿色变成白色，腹部变成鲜红色。这就吸引了雌鱼前来交配。雌鱼靠近时，雄棘鱼会引导她进入通道。雌鱼游进去，产完卵后离开，然后雄鱼游进去给卵授精。[10]

劳伦兹的发现则引起了轰动。他发现小灰雁会把他当作自己的妈妈，对他十分依恋。如果他把它们带到院子里放风，它们就会在他身后摇摇摆摆地走来走去。劳伦兹注意到，在野外，小灰雁和母亲贴得很近。它们从来不会擅自离开，也不会和其他成年灰雁或除了兄弟姐妹之外的小灰雁交往。他很好奇这种关系的建立过程，于是进行了一项实验。他将一些刚下的灰雁蛋分为两组，一组让灰雁妈妈孵出来，从出生就由灰雁妈妈照顾；另一组放在孵化器中，孵出后由劳伦兹照顾。结果，他照顾过的那些灰雁十分依恋他，就像普通小灰雁依恋灰雁妈妈那样。

经过进一步研究，他发现这种依恋是在一个有限的时间段形成的。小灰雁在这段时间接触到任何东西，都会视之为母亲，哪怕这个东西只是一个像皮球这样的无生命体。最后他得出结论：这种纽带关系的形成是出于本能。他称之为“印随”。在动物发育初期这个关键时期，由基因决定的行为可能会因所处的环境而发生明显改变。[11]

就动物行为学而言，柳德米拉和德米特里狐狸实验的结果之所以耐人寻味，就在于，促使那些温顺的狐狸产生新行为或将幼年特征保留到成年期的驱动力，既非印刻，也非自然选择，而是以温顺为标准的人工选择。具体机制他们还不清楚。但他们确信，德米特里的“去稳定”选择理论能解释狐狸身上发生的事情。为了证明这一点，他们必须收集更多的证据。

狐狸不会让他们失望。

4

美梦

狐狸们搬到新养殖场更宽敞的新家后，柳德米拉很高兴能让它们多活动一会儿。她让饲养员每天把狐狸们放出来，到棚子后面的院子玩半小时。这样柳德米拉可以做一份全新的观测记录——现在她可以观察狐狸们的玩耍了。

当幼崽们还很小，只有 2 到 4 个月大的时候，饲养员们会让它们分小群出去活动，每次三四只，没有成年狐狸，就不会弄得太吵。野生的幼狐基本除了吃和睡就是玩，养殖场里的小狐狸也差不多。它们兴高采烈地到处跑，还互相扑着玩儿，咬对方的尾巴和耳朵，假装打架摔跤。动物行为学家把动物之间这种愉快的打闹称为“社交游戏”。

许多动物也会用非生命的物品玩耍，这种叫作“物品游戏”。例如，小鸟会拨弄小树枝或亮晶晶的玻璃碴儿；塞伦盖蒂平原上的小猎豹会用爪子试探、用嘴叼或撕咬、踢打骨头和玻璃瓶等一切任何东西；小海豚会玩自己吐出来的气泡圈。温顺的小狐狸也不例外。柳德米拉给它们买了皮球。幼崽们特别喜欢玩球，会用鼻子推着球转，还在上面跳来跳去。不过，但凡它们的小爪子或小嘴巴能碰到的，它们都玩得很高兴，包括石头、树枝，还有人们给它们放在院子里的一些气球。等它们长大一些，嘴巴能张得足够大时，它们就叼着球满院子跑来跑去，生怕兄弟姐妹抢了自己的宝贝。这种与其他幼崽的社交游戏和物品游戏的结合，在小动物中很常见。动物学家认为这有助于它们学习生存技能，在觅食或狩猎中护住自己的份额，防止被群体中的其他成员抢走。

成年狐狸也会玩耍，在一定程度上这也在意料之中。在野外，狐狸妈妈也会和幼崽一起玩。柳德米拉偶尔会看到这一幕，这让她很开心。虽然成年的精英狐狸之间很少有社交游戏，但它们确实经常玩皮球和锡罐，这就很不寻常。野生的成年狐狸几乎总是忙于寻找食物和躲避捕食者，要是遇到新奇物品，它可能会去闻一闻这个怪东西，甚至用爪子扒拉一会儿，试图弄清楚这是什么，或者能不能吃。但这种探索行为截然不同于动物行为学家所谓的物品游戏——当动物熟悉一个物品并确定它不是食物后，游戏还会继续。

成年的温顺狐狸喜欢物品游戏，也是幼态持续更久的一种表现形式。这也让它们更像狗——不论小狗崽还是成年狗，都喜欢社交游戏和物品游戏。从远处看院子里那些狐狸，很可能把它们当成某种体形更小的哈士奇。

柳德米拉和她现在的助手们经常到院子里近距离观察幼狐玩耍，但从不尝试与它们互动，也小心地不干涉它们的打闹。但一些温顺的小狐狸主动让他们参与进来。它们摇着尾巴跑到人身边，绕着人转圈圈，或是躲在他们的腿后面、咬他们的鞋子，然后害羞地跑开。小狐狸们似乎对人类这种高大的生物感到好奇和兴奋。

柳德米拉已经预想过，观察狐狸玩耍将是一项重要的工作。科学家们早就在研究动物玩耍的方式。鸟类学家观察到很多鸟都会玩耍，例如它们会倒挂在树枝上来回摆动，显得特别开心。黑猩猩相互玩耍和追逐的方式，特别像孩子们玩捉人游戏。人们甚至观察到一些昆虫也会玩游戏。1929 年，著名的蚂蚁研究学者奥古斯特·福雷尔（August Forel）在著作《蚂蚁的社会世界：与人类相比》（*The Social World of the Ants as Compared to Man*）中写道："在晴朗安静的日子里，如果没有饥饿或其他要担心的问题，一些蚂蚁会假装打架来消遣，不会对彼此造成伤害；但如果它们受到惊吓，游戏就会直接结束。这是它们最有意思的习性之一。"[1] 如今，专家们认为，模拟搏斗的行为是蚂蚁在为战斗和竞争配偶做准备，这些无疑是它们生命中的大事。

一些观察结果表明，动物玩耍有时纯粹是一种享受。阿拉斯加、加拿大北部和俄罗斯的渡鸦，会从白雪皑皑的陡坡上滑下来，到达底部时再走回或飞回顶部，一遍遍地重复这一过程。在缅因州，科学家们曾观察到乌鸦从小雪堆上滚下来，有时爪子还抓着小树枝。生活在坦桑尼亚马哈勒山脉的黑猩猩也有类似的行为，同样没有明显的理由。影像资料显示，它们在下山时会停下来再退回去，路上顺便扯一把树叶。它们还经常停下来，在落叶堆上翻跟头，显得特别高兴。[2] 它们似乎只是在享受游戏的乐趣。

但玩耍也是一件正经事。许多动物行为学家认为，玩耍对培养一系列社会、生理和心理技能至关重要，能让幼崽准备好面对成年后的挑战。目前看来，许多社会性游戏有助于动物群体间的合作，比如在它们捕猎或躲避猎食者的时候，也可以让幼崽了解它们在“啄序”（pecking order）中所处的位置，以及与谁可以打一架，碰上谁则最好小心行事。

动物父母常让幼崽在玩耍中学习，例如老狐獴教小狐獴狩猎就是这样。[3]再比如小袋鼠——英语叫“joey”——一离开妈妈的育儿袋就开始打闹，经常能看见它们和妈妈打架。它们那种煞有介事的打斗并没有危险。袋鼠父母在和幼袋鼠玩耍时会“自缚手脚”，后腿直立，用前爪轻轻抓挠，而不使劲挥拳，这样就能教孩子们长大后需要用到的格斗技巧，又不会伤到它们。

在自然界中，小渡鸦会操纵和玩耍它们碰到的任何东西——树叶、树枝、卵石、瓶盖、贝壳、碎玻璃片和不能吃的浆果——就像柳德米拉观察到的小狐狸一样。贝恩德·海因里希（Bernd Heinrich）做过一个实验，分别在野外和大型鸟舍中放置一些新奇的物件，结果表明，这种物品游戏能让小渡鸦学会在成年后独自外出觅食时分辨出食物。[4]

包括野生狐狸在内，大多数动物成年后就很少玩耍。这就是发现温顺的狐狸成年后继续物品游戏的重要性所在——幼年期行为持续到成年期，就像呜咽、舔手和平静的态度一样。柳德米拉和德米特里获得了更有力的证据来支持“去稳定”选择理论：通过选择最温顺的动物来彻底改变选择压力，就能撼动一切，引发一系列变化。

1969年出生的第十代幼崽中，出现了两个更显著的生理变化。首先是有一只珍贵的温顺小母狐长出一对不同寻常的耳朵。

不论是在野生种群还是在对照组中，至少就目前的实验而言，狐狸幼崽的耳朵都是耷拉着的，直到两周大后才立起来。这只小狐狸的耳朵却不然，到第三周、第四周、第五周，一直到后来，都没有立起来。耷拉的耳朵让这只小狐狸看起来几乎和小狗一模一样。大家给它起名叫梅赫塔（Mechta），俄语意思是“美梦”。

柳德米拉知道，梅赫塔的耳朵会让德米特里特别高兴，所以她想给他一个惊喜，让他自己去发现。但是那年春天他特别忙，直到梅赫塔出生三个月后他才来到养殖场。柳德米拉很庆幸那时梅赫塔的耳朵还是耷拉着的。德米特里一看到它就喊道：“这是什么奇迹？！”他开始在所有的演讲中播放梅赫塔的照片，梅赫塔在苏联动物研究领域成了明星。有一次在莫斯科举办的会议上，他展示了一张梅赫塔的照片。之后柳德米拉的老同学走过来，半开玩笑地对她说：“你老板是不是在骗大家啊？明明给我们看的是一只小狗，却说它是狐狸！”[5]

第十代狐狸的第二个新特征，是一只小公狐身上出现新的斑点。在上一代中，一些温顺的幼狐腹部、尾巴和爪子上已经出现白色和棕色的斑点，而这只幼崽正好在前额中间出现了一块白色的星状斑点。这是被驯化的动物另一个普遍特征，在狗、马和牛身上尤为常见。[6]“我们开玩笑说，”柳德米拉深情地回忆道，“（现在）一颗星已经亮了，这会带领我们走向胜利。”

现在，如此之多的驯化行为和生理特征已经在狐狸身上显示出来，实验似乎显然是成功的。但是为了证实德米特里有关狐狸变化的理论，他和柳德米拉必须找到证据来证明，是基因变化推动这一过程。也就是需要证明这些新特征通常可以由父母传给后代。他们当然对此深信不疑。但是遗传学需要更有力的证据。所以二人需要进一步实验。

当时，在性状和遗传之间建立联系的主要方法是系谱分析（pedigree analysis），这需要比较多代父母和后代的性状。而在一个物种的多个个体之间，总是会发生某些行为和形态上的变化。没有两只狐狸的长相或行为是完全相同的。要断言所记录到的变化确实与基因有关，系谱分析需要显示出多年以来人们所发现的性状遗传的典型模式。

19 世纪中叶的神父孟德尔是这类研究的开创者。他记录了连续数代豌豆花颜色的变化模式。后来的研究人员优化了系谱分析法，将一系列性状考虑进来。柳德米拉为所有狐狸绘制家谱，也详细记录狐狸所有行为动作和生理特征，以便进行系谱分析。很明显，这是一项艰巨的任务，但她坚持下来并深入钻研。实验结果也是显而易见的：温顺的狐狸出现新的特征，其中大部分可见的变化，是潜在的遗传变异的结果。[7]

另一种获得可靠证据的方法，是在用其他动物身上重现狐狸实验的结果。1969 年，德米特里决定进行这样的实验。这次他找到了一个叫帕维尔·博罗丁的年轻人。帕维尔在附近的新西伯利亚州立大学学习生物专业。他马上就要毕业，与德米特里的儿子尼古拉很要好。一天，德米特里去学校见到了帕维尔，便问他在做什么毕业设计。“他听出来我的热情不高，”帕维尔回忆道，“不过他说：‘我不会刻意诱惑你去做什么……最终去向由你决定。但是我们可以先去狐狸养殖场一趟，你看看我们在那里做什么。’”这样的前景令帕维尔大为振奋。他一到那里就被吸引住，不敢相信狐狸竟然如此温顺友好。

德米特里想让帕维尔依照研究狐狸的基本步骤去做实验，不过这次实验对象是老鼠。所选育的老鼠不仅要有一批对人类态度平静和温顺的，还要有一批具有攻击性的。这样以后就可以对它们的后代进行重要的比较工作。研究所给帕维尔分配了实验室，但他必须自己出去捉实验初期要用的老鼠。“实验鼠的主要来源，”帕维尔回忆道，“是养殖场的猪圈。那里老鼠很多。可它们太聪明，很难捉到。但无论如何，我办到了。”经过几周的诱捕，他带了一百只老鼠回实验室。

帕维尔稍稍调整柳德米拉研究狐狸的方法，他会戴着手套把手伸进笼子，记录老鼠是否好奇地过来闻他的手，或者允许他抚摸，甚至把它捧起来。有些老鼠确实会这样做。另一些则会发动攻击，一开始看起来很可怕。但帕维尔坚持下来。老鼠繁殖五代之后，形成了两个截然不同的系谱，一个越来越温顺，可以让他抓起来甚至摸一摸，另一种则极其凶猛。尽管帕维尔此后转向其他研究，但德米特里决定继续这一实验，希望能得出更多证据——事实确实如此。[8]

得到决定性的遗传结果的另一个步骤，是开始培育凶猛的狐狸。与老鼠实验一样，如果逆施驯服狐狸的过程，选择对人类具有攻击性的个体，可能就会产生越来越凶猛的种群。这样人们就能细致地比较温顺组、对照组和凶猛组的三个狐狸种群。培育凶猛系谱的工作开始于 1970 年。

和精英狐狸待在一起很快乐，而与凶猛的狐狸接触就绝非饲养员所爱。最暴躁的狐狸真的很凶。柳德米拉做选育测试时，它们经常对她龇牙。重点是它们的牙齿非常锋利，咬得非常狠。大多数帮助柳德米拉做实验的饲养员和科学家都害怕它们。一名工作人员回忆起一次特别可怕的遭遇："我看着一只凶猛的狐狸，它直视我的眼睛，一动不动，只是紧紧注视我的一举一动。我慢慢地将手掌伸向笼子前面，它立刻做出反应，一跃扑到笼子前方，前爪抵着铁丝网，样子非常可怕——大张着嘴，耳朵向后紧贴在头上，眼珠凸起，露出凶光。我一和它对视就觉得害怕，心跳加速，血液涌向头顶。我敢说，要是没有铁丝网，它会狠狠地把牙插进我的脸或脖子。"[9]

所幸，一位名叫斯维特拉娜·维尔克（Svetlana Velker）的小个子年轻女工愿意承担这项工作。她是一个"看起来很瘦弱的女青年"，柳德米拉说，"大家都不敢接触那些凶猛的狐狸，而斯维特拉娜的勇气让所有人吃惊。"斯维特拉娜决定直面这些咄咄逼人的狐狸，让它们弄清楚状况。"当斯维特拉娜需要面对一只凶猛的狐狸时，”柳德米拉继续说，“她会告诉狐狸‘你怕我，我也怕你。但是我是个人，我为什么要更怕你呢？’”然后她就去做事了。“德米特里一直很钦佩她的勇气，”柳德米拉回忆说，“他总说，他们让她干这种跟凶猛的狐狸打交道的工作，应该给她涨工资。”

其他和斯维特拉娜一样勇敢的人，也有自己对付狐狸的特殊方法。与斯维特拉娜采取的严厉方法不同，至今还和这些狐狸一起工作的娜塔莎（Natasha），觉得这些动物的凶猛并不是它们的错。她直到现在还认为，它们像温顺的狐狸一样需要被爱。娜塔莎说：“我最喜欢那些凶猛的狐狸。”“它们是我的孩子。我喜欢温顺的狐狸，但我也喜欢凶猛的狐狸。”[10]每当柳德米拉听到娜塔莎表达这种爱意时，她只能笑着说：“这太……太罕见了。”这些助手的勇气起到极大的作用，正是他们推动实验的进程，让科学家能对凶猛的狐狸与温顺的狐狸做重要的比较。

与此同时，柳德米拉和德米特里开始分析对照组和温顺组的狐狸之间一个重要差别。按照此前德米特里提出的理论，与遗传相关的激素分泌变化，关系到生殖周期的调节、性格形成和生理特征，也是驯化中随之而来的许多相关特征出现的原因。要证明这一点，就得测量驯化狐狸和对照组的激素水平。研究所为此配备了先进的仪器，柳德米拉可以开始实施分析。

她决定从测量幼崽的应激激素开始。正常情况下，狐狸在2到4个月大时开始知道焦虑和恐惧。她要看看此时温顺幼崽的应激激素水平是否相对更低。从所有幼狐身上采血抽查的过程需要非常细致，而且需要尽快完成，不能超过5分钟。否则，激素水平很可能因为采血而上升，影响结果。

测定激素水平是一项有技术难度的工作。柳德米拉没有任何经验，所以她求助于研究所专门从事这项工作的同事伊琳娜·奥斯基纳（Irena Oskina）。但问题是，伊琳娜从来没有对付狐狸的经验。因此，柳德米拉请饲养员们来帮忙——总归小狐狸已经适应和他们相处。研究人员要在幼崽成长的几个阶段采集血液样本，从两个月大、还和母狐一起住在围栏里开始，直到它们成年。饲养员们做得很好。他们会慢慢地靠近去抓住幼崽，尽量不惊动母狐。这确实也证明了成年狐狸的温顺，因为这些狐狸妈妈在此过程中并无过激反应。轮到对照组，饲养员们再次面临挑战——如果对照组的母狐认为幼狐受到威胁，就会变得非常凶猛。饲养员们佩戴着柳德米拉为他们定做的约5厘米厚的防护手套，经过数次尝试，高效完成了实验。

当柳德米拉收到伊琳娜的样本分析结果时，她对应激激素水平的明显差异非常开心。正如预期的那样，所有狐狸成年时体内激素水平都上升了。但就精英幼狐而言，突增时间更晚，峰值也不那么明显，成年期激素水平达到稳定时，也比对照组的狐狸低50%。这有力地证实了德米特里关于激素分泌变化的“去稳定”选择理论。

随着德米特里开始在演讲中提及这些新成果，世界科学界对狐狸的兴趣也越来越高涨。1968年，国际遗传学大会在东京举行。苏联当局批准德米特里参加。日本主办方非常喜欢德米特里和他的演讲，特意送他一些有异国情调的驯养公鸡作为纪念礼品。也不知道他用什么方法将这些活公鸡带上了回新西伯利亚的飞机。

德米特里还获准向国际学术期刊提交论文。1969年，《动物的驯化》（Domestication in Animals）发表。这是他在苏联境外发表的第一篇英文文章。但是，科学界对这项工作的关注仅限于遗传学共同体，动物行为研究者关注不多。1971年9月，德米特里受邀参加在苏格兰爱丁堡举行的国际动物行为学大会（International Ethological Conference），此时情况才发生改变。此次会议是邀请制，聚集了世界上最顶尖的研究人员。德米特里是首位受到邀请的苏联科学家，而且是会议组织者奥布里·曼宁（Aubrey Manning）亲自邀请的。奥布里是英国知名的动物行为学家之一，他致力于让当年的大会更具有国际色彩。他希望除了通常的欧美学者之外，还能请来更多外国专家，让这次会议像他说的那样“有联合国的感觉”。[11]

曼宁听说过狐狸实验，觉得这项工作很有意思。他研究生时师从尼古拉斯·丁伯根，本人也是研究基因和行为关系的专家。20世纪50年代中期，他和他的妻子——遗传学家玛格丽特·巴斯托克（Margaret Bastock），一起对果蝇进行了突破性的研究。这也是最早将特定基因与动物行为联系起来的研究之一。曼宁认为，狐狸实验有力地证明了行为改变源于遗传，这些证据非常重要，动物行为学界应该进一步研究。奥布里在

1971年之前联系德米特里，问他是否愿意发表演讲时，曼宁没抱多大希望。他回忆说："的确，当时绝对是冷战的巅峰，或者至少可以说冷战相当激烈，因此我们与苏联的接触很少。"[12]当德米特里热情地回信答应参会之后，曼宁很高兴自己"第一次从苏联引渡出一位动物行为学家"。

这对德米特里和柳德米拉来说也是迈出一大步。柳德米拉很高兴有机会在一个群英荟萃的场合展示团队的研究成果。曼宁让德米特里带上团队成员，柳德米拉和研究所其他研究员都在参会人员名单中。但是就在他们马上要离境时，苏联政府决定只允许德米特里出访。无论如何，柳德米拉知道他会做一次精彩的演讲，他们的研究将会在动物行为领域引起更广泛的讨论。

此次会议的地点是爱丁堡大学的大卫·休谟塔（David Hume Tower）。每天，德米特里、曼宁和其他与会者都要在这里听一系列演讲，每场半小时左右。演讲者都是当时最有声望的动物行为学家，[13]其中包括丁伯根——两年后，他作为动物行为学的创始人获得诺贝尔奖。会议可以说分歧不断，因为在动物行为领域，欧洲阵营和美国阵营之间一直存在一些小纷争：欧洲阵营的学者基本都有生物学的背景，倾向于关注遗传学和对动物进行野外研究；美国阵营的学者主要是心理学家，聚焦于动物的学习，并且在实验室里研究动物。[14]美国阵营的一些研究者主张极端的"环境适应说"。他们否认任何由基因"设定"的动物行为，认为行为完全是环境作用或后天学习的结果。但是动物行为学家在野外的大量研究表明，情况并非如此。

生物学家 E. O. 威尔逊（E.O.Wilson）做出了一些最重要的观察。他周游世界，观察了许多种类的昆虫群落。1971 年 1 月，他出版了里程碑式的著作《昆虫的社会》（*The Insect Societies*）。书中生动地描绘了昆虫群落的仪式，还有一些精美的照片和插图，展示切叶蚁照料它们精心打造的真菌花园、用收集的肥料给它们的食物来源施肥，或者排成一列，举着比它们身体大很多倍的树叶前行；军蚁带着作为战利品的蝎子残骸返回巢穴；胡蜂将一种驱赶蚂蚁的物质涂抹在巢穴上。E.O. 威尔逊描述，在一些蚁群中，工蚁充当活生生的"储蜜罐"，蚁群在需要时就会拍打它们。它们将花蜜和蜜露储存在肚子里，然后倒挂在巢穴的壁上。当干旱来袭时，其他蚂蚁就指望这些活体"储蜜罐"来提供能量。他还讲述了蚂蚁行为中可怕的一面，生动地刻画蚂蚁在战斗中的残忍手法，比如三只蚂蚁按住另一只蚂蚁，负责攻击的蚂蚁则将其劈成两半。

像蚂蚁这样的动物，如何能产生如此多的意图，做出目的性这么强的举动呢？这在很大程度上必须依靠本能。

然而，动物行为学家已经获得关于动物学习能力的有力证据。美国心理学家爱德华·桑戴克（Edward Thorndike）曾经做过一个实验，测试猫狗用多长时间能逃出他制作的"迷宫"。他观察到，它们一开始尝试各种各样的逃离路径，后来偶然发现一条通路时，就能很快学会重复这个过程，越来越快速地逃出。他认为，这表明动物会因为获得奖励而习得某些行为，比如以一种特定的方式接近它们想要捕捉的一只鸟，或者舔人的手就能获得奖励。

许多动物行为学家逐渐开始认为，很可能基因和学习能力两者都与动物复杂的社会行为有关。这不是非此即彼的——学习可以在遗传倾向的基础上进行，更重要的是，学习能力本身可能有潜在的遗传因素。德米特里觉得这听起来很有道理。

在爱丁堡的会议上，德米特里全心投入关于这些问题的每一场辩论。他非常享受这些讨论，虽然英语不是他的母语，有时发言者的语速对他来说有点快。他的演讲《行为的遗传重组在驯化过程中的作用》（The Role of Hereditary Reorganization of Behavior in the Process of Domestication）吸引了不少听众。光是题目就使人心生好奇——行为的遗传重组是怎么回事？驯养什么？难道在李森科下台之后，苏联科学家已经做出引人注意的成果吗？这个苏联人会是什么样子的呢？

德米特里宣读了事先准备好的英文演讲稿。曼宁回忆说，德米特里给听众留下深刻印象。很难说清他们之前对他的期待，但他们确实没想到他是个如此有风度、有自信的人，也没有料到会看到梅赫塔和它耷拉着的耳朵。短短十多年的实验结果，令人难以置信。

曼宁被德米特里迷住了，当晚便邀请他到自己家里吃饭。德米特里下榻于16世纪建成的爱丁堡大学美丽的校舍，曼宁专程接他过来。德米特里的英语足以读一篇演讲稿，但晚餐时快节奏的对话就有些困难，所以宴会配了翻译。德米特里一直希望能有这样的社交机会，随身带来了一些传统的俄罗斯礼物。当德米特里拿出送给主人夫妇的几只漂亮漆碗时，曼宁非常感动。冷战使苏联科学家无法与世界各地的同行自由自在地进行这种社交，并在此过程中交流许多富有创造性的观点，进而启发新的研究方法。德米特里热情又聪明，还如此有趣，和他在一起，让人自愧不如。他们成了至交；事实上，德米特里在海牙的国际遗传学大会上已经结交了迈克尔·勒纳，因此此前几年他就与曼宁保持着通信往来。曼宁希望，过不了多久就能去新西伯利亚，亲自看看不同寻常的“狐狸狗”。

西方科学界认可狐狸实验结果的重要标志，是爱丁堡会议后不久，《大英百科全书》（*Encyclopedia Britannica*）的执行主编写信给德米特里，问他是否愿意为即将出版的第十五版（大规模修订版）百科全书写一些关于驯化的内容。这一版本又称《大英 3》（*Britannica 3*），计划 1974 年出版。德米特里很激动，立马动笔。这篇文章就排在词条“狗”之后，非常恰如其分。[15]

20 世纪 70 年代，对基因与动物行为之间联系的研究开始飞速发展，而狐狸实验正处于新一波研究浪潮的前沿。1970 年，行为遗传学协会成立，与此同时，该学科领域第一份学术期刊《行为遗传学》（*Behavior Genetics*）问世。1972 年，俄国出生的遗传学家狄奥多西·杜布赞斯基（Theodosius Dobzhansky），当选为行为遗传学协会首任理事长——当时已经移居美国，德米特里早就知道他的研究。毫无疑问，苏联遗传学正在复兴，德米特里就是苏联遗传学界的代表人物。1973

年，他再次获准参加在加州大学伯克利分校举行的国际遗传学大会。

伯克利的会议是一场科学和文化的盛宴，这是德米特里之前从未经历过的。在科学方面，这次会议的重头戏是专题讨论会，邀请了世界各地一流的专家，内容涵盖“遗传学和饥饿”“科学和道德的困境”，以及更切合德米特里研究方向的“发育遗传学”和“行为遗传学”。[16] 遗传学研究领域的精英济济一堂，因此德米特里有机会见到当时最著名的一些遗传学家，并与他们讨论自己的想法。会议间隙和晚上，人们享受着当地迷幻的嬉皮街头文化。伯克利是震动全国的学生抗议活动的主要阵地，也是自由言论运动的中心。这里到处洋溢着言论自由的气氛。街头小贩、音乐家和杂耍艺人竞相吸引人们的注意，嬉皮士们则散发着对越战和核军备竞赛等方方面面提出抗议的小册子。德米特里兴致勃勃地沉浸于其中，并欣喜地告诉朋友们，其他与会者形容伯克利满是“穿着藏红花色服饰的美国中产阶级青年，在印度教的克里希纳降生节 * 上伴随着重复的节拍跳舞”。[17]

会议期间，获准参加会议的苏联科学家代表团决定向国际遗传学大会组委会提出一个建议，德米特里在研究所有管理经验，是带头倡议的最佳人选——他们希望预计 1978 年召开的下一届国际遗传学大会能在莫斯科举办。组委会很感兴趣。他们

---

* Hari-Krishna，也译作奎师那、克利须那，为毗湿奴的化身之一。

一直在寻找让会议更加国际化的方法，在莫斯科召开会议无疑是条路子。20 世纪 70 年代初，美国总统尼克松在美国及其盟友与苏联关系上推行缓和政策，这也使得举行这样的会议成为可能。在莫斯科开会，将让众多科学家接触到他们几乎完全没有了解的一批科学家和科学文献。组委会中的乐观派还憧憬此次会议可能产生科学之外的成果——这种接触可能在某种程度上缓和冷战。组委会十分认同这样的想法：在莫斯科举行大会，将向世界表明，李森科主义的罪恶已经成为过去。[18]

这项行动非同小可，但是组委会给了德米特里一行肯定的答复：如果你们想主办 1978 年的会议，我们赞成。随即，德米特里获得了另一个头衔：即将于莫斯科召开的第十四届国际遗传学大会秘书长。

有了新的狐狸养殖试验场之后，德米特里和柳德米拉在短短几年内就取得极大成就。柳德米拉全年更加深入地观察狐狸，并感觉到她与狐狸们已经建立的感情日益加深。她心里明白有些事情不一样了。感情的变化，狐狸们开始表现出的更深的情感，以及它们在她和饲养员甚至任何参观过养殖场的人心中唤起的亲密感，都是不容忽视的。

柳德米拉对这些越来越可爱的动物感到惊奇，不仅是从科学家的视角，而是从人类的视角。柳德米拉意识到，这本身就是一个重要的发现，无疑也部分说明了狗是如何变得如此温顺如此依恋我们并完全忠实于“它们的主人”。她想，如果换个思路，放弃抵拒这些动物与日俱增的吸引力，允许自己去探究这些动物对人类的情感，又会怎样呢？

长期以来，她一直在思考，团队收集到的数据虽然严谨，但是仍然有局限性，从中得出的结论有限。如果她真想知道这些温顺狐狸在社交和情感上能达到何种程度，她必须给其中一只狐狸提供家庭那样丰富的社交环境，让人类成为它最亲密的伙伴；就像狗那样生活。如果狐狸真的驯化成狗，就得形成狗对主人的那种标志性的忠诚。毫无疑问，精英狐狸们已经非常喜欢人类的关注，但到目前为止，它们对所有人一视同仁。它们看到所有人都一样开心。如果真的让一只狐狸和她生活在一起，情况也许会不一样。

她向德米特里提出了一个大胆的建议。她说，狐狸养殖场的一角有一间小房子，她想和一只精英狐狸一起住进去，看看会发展出什么样的关系。德米特里很赞成这个主意，马上批准她使用那个房子。

柳德米拉希望非常谨慎地选择要和自己一起生活的狐狸。她决定选一只情感特别丰富的精英雌狐来当这次实验的“夏娃”。这时，有许多精英雌狐都是理想的选择。因为此次实验有其独特性，所以她不打算匆忙做决定。她仔细研究自己的笔记和数据表，综合评估精英雌狐的应激激素水平和行为，选出一组最优秀的狐狸。然后她到棚子里仔细观察，重新评估。几天之后，她有了选择。

母狐的名字叫库克拉（Kukla），俄语的意思是“小娃娃”。

它是为数不多的一年两次进入受孕期（但还没有怀孕）的温顺母狐之一，而且它有一点特别迷人——当柳德米拉走近时，库克拉就会活跃起来，使劲摇尾巴，并且发出那种只能说是纯粹出于欣喜的声音。“她自己在主动要求呢。”柳德米拉想。唯一的问题是，比起一般成年雌狐，库克拉太小了。它是同窝的狐狸中最弱小的。柳德米拉不知道是否该选一只更强壮的狐狸。最后，她还是跟着直觉走——就选库克拉。

库克拉的配偶将是一只名叫托比克（Tobik）的公狐，是和库克拉同一代的温顺狐狸。它们顺利交配，7周后，1973年3月19日，瘦小的库克拉生下了4只健康的幼狐——两雌两雄。小狐狸刚睁眼睛，柳德米拉就来看它们了。她发现几名饲养员围在周边，热心照料它们，就像对他们自己的孩子和孙子一样。

柳德米拉马上就被一只小狐狸吸引住了，这个毛茸茸的小可爱皮毛非常蓬松，工人给它起名叫普什辛卡，俄语意思是“小毛球”。接下来几天，柳德米拉一直在观察它，她发现普什辛卡极其渴望得到人类的关注。它已经与人类产生很强的情感联系，因此柳德米拉选择与它同住似乎相当完美。同时，就这个小家伙而言，因为它将要和柳德米拉一起住在实验指定的房子里，所以饲养员们知道可以放任自己尽情和它玩耍。

接下来几个星期，普什辛卡越来越强壮，也越来越调皮。这时，一个叫优里·凯瑟列夫（Uri Kyselev）的饲养员特别喜欢这只可爱的小狐狸，因此出人意料地提出一个请求——他问柳德米拉，在柳德米拉将普什辛卡转移到小房子里进行长期生活的实验之前是否可以先让他带回家和他同住一段时间。柳德米拉考虑了一下，认为这不会妨碍她的计划。事实上，这反而可以让她观察普什辛卡是否会与任何亲密相处的人都形成特殊联系。从4月21日，也就是普什辛卡一个月大的时候，它开始和优里一起生活，就他们两个，一直到同年6月15日。普什辛卡适应得很好，没有给优里带来任何问题。他甚至开始用皮绳牵着它出去散步。他还发现，可以松开绳子放它到后院自由玩耍，只要一吹口哨，它就会蹦蹦跳跳地径直跑向门口，乖乖进屋去。这种对召唤的反应，此前在狐狸身上从未见过——恰恰相反，养殖场里温顺的狐狸在去玩耍的路上或接受检查时，偶尔跑开来，饲养员叫唤它们，它们从来没有普什辛卡这种反应。饲养员得围着养殖场追赶半天才能把它们弄回来，还有两只狐狸逃出养殖场跑掉了。普什辛卡在这方面表现出众，很好地证明柳德米拉的选择没错，即将进行的室内实验会有更多惊喜等着她。

有关普什辛卡的发现已经很多，但柳德米拉决定还是等一段时间再让它住进实验房，这样她就可以观察，在普什辛卡和优里一起生活过之后，它将如何重新融入养殖场狐狸群体。它会适应再次与狐狸一起生活吗？与人类单独生活的经历，是否会改变它与狐狸相处的行为？野生动物被带入人类社会后，往往难以重新融入自己的种群。柳德米拉认为这是个好机会，她可以观察普什辛卡如何应对这种变迁，其他狐狸又会如何对待它。她发现，普什辛卡回来后与其他狐狸正常互动毫无问题，但它们相互的关系确实发生了明显变化。在院子里玩耍的时候，要是别的狐狸挑衅它——这在小狐狸成长中是常有的事——普什辛卡就会寻求饲养员的保护，在人们的腿间转来转去，让他们挡在它和其他狐狸之间。这又是一个新发现——在此之前，狐狸们的互动只存在于同类之间。

柳德米拉策划生活实验的主要目的，是看普什辛卡在和人类更长久的相处中，能变得多么像狗。因此她认为可以让饲养员牵着普什辛卡去散步，就像优里那样。普什辛卡喜欢散步。柳德米拉知道普什辛卡很听话，只要听到优里招呼就会回来，所以她也允许管理员不拴绳子就把它放出来；在饲养员喂食和清理的时候，它就在他们身边转悠。

这时，柳德米拉决定再次更新为普什辛卡制订的实验计划。不久之后，普什辛卡将近一岁，就会进入发情期。柳德米拉决定等普什辛卡怀孕后再让它住进实验房。这样，她不仅可以观察普什辛卡如何适应环境，还可以观察它的幼崽是否与人类有不同的交往方式。

1974 年 2 月 14 日，普什辛卡与温顺的公狐狸朱尔斯巴（Julsbar）交配。同年 3 月 28 日，柳德米拉和普什辛卡终于一起搬进那间小屋子。史无前例的动物行为学研究即将展开。

5

幸福的一家

柳德米拉计划从早到晚大部分时间都和普什辛卡一起待在实验房里，但即便如此，她也得抽时间和家人待在一起。她找了长期以来的助手也是朋友塔玛拉（Tamara）和一名年轻的研究生来帮助，让他们顶替她几天。如果塔玛拉和柳德米拉都有事来不了，柳德米拉已经十几岁的女儿玛丽娜和研究所的助理偶尔也会来替班。不管是谁当班，都会在日志上详细记录普什辛卡从白天到夜晚的各方面行为。

到实验房的第一天，普什辛卡焦躁不安地走来走去，也不吃东西。柳德米拉十分担心。普什辛卡之前和优里同住时适应得很好，柳德米拉本来以为这次也很容易过渡。普什辛卡这么紧张，难道是因为怀孕吗？搬进去的头一天，玛丽娜和她的朋友也在，普什辛卡挨着她们睡了一会儿，总算放松一点。第二天，普什辛卡没有那么躁动。柳德米拉出去一小会儿，回来的时候，普什辛卡“在门口迎接我们”，柳德米拉匆匆记录下来，“就像宠物狗一样。”但它的情绪起伏很大，瞬间就由开心嬉笑变成无精打采，而且仍然不肯吃东西，一整天才吃了一点生鸡蛋。柳德米拉喂给它一些鸡腿——它最喜欢的小吃——它将鸡腿藏在房间角落里。养狗的人都很熟悉这种行为。不过，普什辛卡一刻也不愿待在窝里，这一晚也几乎没有睡觉。

第三天，普什辛卡仍然没有正常吃饭和睡觉，这让柳德米拉更加担心。普什辛卡在屋子里不安地踱来踱去，还是不肯在窝里待一会儿。不过，看见柳德米拉似乎让它感到踏实，它越来越多地寻求她的注意。当柳德米拉坐在桌前工作时，普什辛卡就会过来趴在床边的沙发上，终于能多歇息一会儿。

第四天普什辛卡还是烦躁不安，不吃东西。但当天晚上柳德米拉睡觉时，普什辛卡悄悄跳上床，蜷在她身边。柳德米拉松了一口气，大为高兴。当她醒来时，普什辛卡蹭到她的脑袋边上，脸颊紧贴着她的脸。她伸出胳膊揽着它的头，它把两只前爪也搁上去，就像孩子被母亲抱在怀里。它好像终于找到家的感觉。

但是接下来一天，柳德米拉惊讶地发现，普什辛卡又变得紧张兮兮。她在日记中写到，它似乎处于“精神崩溃的边缘”。已经五天，它仍然是几乎什么也不吃。柳德米拉十分担心，就叫来了养殖场的兽医。兽医给普什辛卡注射了葡萄糖和维生素。柳德米拉猜想，普什辛卡的伴侣可能会安抚它，于是带来朱尔斯巴。朱尔斯巴见到普什辛卡似乎很高兴，可惜只是一厢情愿——普什辛卡朝它尖叫，绕着房子追它，咬了它好几次。柳德米拉只能立刻带走朱尔斯巴。

德米特里也很关心普什辛卡的进展，就来实验房里看望它。

这似乎能让它平静下来。那天，在平常白天的休息时间里，它躺在伏案工作的柳德米拉脚边，似乎很满足。那天晚上，它终于开始正常进食。适应过程比预想中要困难得多，但从那天起，普什辛卡在这所房子里幸福地生活着，睡眠和饮食都很正常，与柳德米拉的关系也越来越亲密。

柳德米拉在桌旁工作时，普什辛卡就躺在她脚边。它喜欢她陪它玩耍，也喜欢她带它在养殖场周围散步。它最喜欢一个游戏：她在口袋里藏点吃的，而它会试图抢出来。它像小狗一样，喜欢调皮地咬她的手，力度绝不会造成伤害。它还喜欢仰面躺着，爪子翘在空中，让她来摸摸肚子。它一般睡在自己窝里，但有时晚上会偷偷溜到她床上。

休息一下午之后，普什辛卡晚上格外闹腾。它会缠着柳德米拉陪它玩：在地板上玩球、露出肚皮让她揉揉，或者叼着一根骨头跑来找她。在屋后的院子里，普什辛卡有时会叼着球一路小跑，到高处放开球，等球从坡上滚落再去追。一遍又一遍，乐此不疲。柳德米拉让它在院子里玩，总是叫它一声它就蹦蹦跳跳地回屋里。活像一只狗。

4 月 6 日，普什辛卡生下幼崽。当时塔玛拉在屋里替柳德米拉值班。普什辛卡将要破水的时候走到塔玛拉身边，塔玛拉抚摸着它，它就在那儿产下第一只幼崽。它把刚出生的宝宝清理干净，带回窝里，接着又生了五只小崽。柳德米拉一听塔玛拉说普什辛卡生产了，马上火速赶过来。让她吃惊的是，当她进屋时，普什辛卡叼着一只幼崽走过来，轻轻地放在她脚边。通常情况下，狐狸妈妈会非常注意保护幼崽。在刚生产时如果饲养员靠近它们，即使最温顺的精英雌狐也会表现出攻击性。柳德米拉自身的母性本能被激发了，她一边教训普什辛卡说：“你可真丢人！你的小崽会着凉的！”一边抱起幼崽，把它送回窝里。她一想到普什辛卡这么对待幼崽就情不自禁地笑，这太不同寻常了。

小狐狸们的名字都以妈妈名字的首字母P打头，分别叫普瑞斯特（Prelest，意思是“小漂亮”）、普斯纳（Pesna，意思是“歌谣”）、普拉克萨（Plaksa，意思是“好哭宝”）、普尔玛（Palma，意思是“棕榈树”）、普恩卡（Penka，意思是“皮肤”）和普肖克（Pushok，“小绒球”的阳性词形，因为它看起来太像妈妈）。幼崽们终于睁开眼睛之后，非常渴望得到人类的关注。尤其是普恩卡，它很快对人类产生深厚的感情。柳德米拉在日记中写到，它“很高兴见到人”，一听到她的声音，就会“兴奋地摇尾巴”。又过了两个星期，所有幼崽都对她的声音有了同样的反应，她一进屋，它们就会从窝里跑出来。

在长时间的近距离观察之后，柳德米拉注意到这些幼崽都有自己独特的行为：普瑞斯特倾向于领导其他兄弟姐妹，在玩耍时显得更强势；普拉克萨不像其他幼崽那样喜欢被人抚摸；普斯纳则特别内敛，经常发出奇怪的咕哝声，就像在自言自语；普尔玛喜欢跳上桌子；普恩卡特别喜欢玩球，柳德米拉在记录里称它为“瞌睡虫”；普肖克最喜欢与柳德米拉互动。

柳德米拉特别喜欢总摇尾巴又贪睡的普恩卡。它个头最小，经常被兄弟姐妹作弄。所以它更愿意自己待着，远离其他小狐狸。另外，和其他幼崽相比，它在人身边时表现得更为焦虑，哪怕是一开始和柳德米拉相处。柳德米拉在记录中写到，普恩卡似乎在考虑“是否应该完全信任我”。不过没过多久，普恩卡显然确定可以信任她，于是态度彻底改变。有一段时间，只有柳德米拉把它抱在怀里轻轻摇晃，它才能睡着。

柳德米拉经常与普什辛卡和幼崽们在院子里玩，把球抛出去让它们争抢。她还会跑来跑去让它们追。普恩卡玩这种追逐游戏特别卖力，当柳德米拉弯下腰，像狐狸一样做出拥抱姿势时，普恩卡会跳到柳德米拉的背上。柳德米拉坐在沙发上时，普恩卡会跳到她身边，嗅她的头发和耳朵，轻轻地咬她的鼻子、脸颊、嘴唇和耳朵。其他幼崽都没有这种行为。普恩卡还发出一种与众不同的咕咕声，让柳德米拉感觉到，它明显是想和她交流。它似乎经常想告诉柳德米拉一些事情。柳德米拉在记录中写道：“普恩卡总是跟着我，一个劲儿地和我‘说话’。”

普恩卡似乎还嫉妒柳德米拉对其他狐狸的关注。有时它和柳德米拉在一起，如果其他狐狸试图接近，它会怒目相向。普恩卡个头小，一般时候是不会这样的。同其他狐狸闹起来它也会寻求柳德米拉的保护。有一天，普恩卡在地上发现一块饼干，叼起来就跑。它的兄弟姐妹们紧追不舍，它只好跳上沙发挨着柳德米拉，把饼干藏在她背后。然后它就待在那里怒视它的兄弟。

柳德米拉小时候家里就养狗，因此这种行为她见过多次。但从没看过狐狸会这样。她懂动物行为学，所以她敏锐地意识到，必须非常谨慎才能认定狐狸具有情绪和感觉。很难确定普恩卡是否会像人类一样感觉到嫉妒。犬类研究专家很熟悉解释这类动物行为所面临的困境。在《狗狗心事》(*For the Love of a Dog*）一书中，帕特里夏·麦克康奈尔（Patricia McConnell）讲述了她的宠物狗图里普（Tulip）的故事。图里普发现陪它玩耍很久的羊哈丽特（Harriet）死了。“图里普轻嗅着哈丽特的身体，绕着它转圈，闻它，一再轻轻地推它。几分钟后，它在尸体旁边躺了下来，把自己又大又白的鼻吻搁在羊的蹄上，叹了口气——长久而缓慢的呼气，对人类来说，就表示‘认命’——然后一动不动……我忘了图里普在哈丽特身边躺了多久，但它不愿意离开。图里普环顾周围，好像才反应过来哈丽特已经死了。就那么一小会儿的工夫。图里普对被它咬死的鸽子，还有上周我给它的一根玉米，也有类似的行为。对狗的行为附加任何情感都存在危险，因为我们经常犯这种错误。但这并不意味着它们没有情感，只是表明我们需要更好地理解它们的表达方式。”[1]

沿着这个思路，亚历山德拉·霍洛维茨（Alexandra Horowitz）设计了一个巧妙的实验，用来研究小狗犯错被抓住时“愧疚的样子”。按照达尔文的说法，小狗“愧疚”时“眼睛不敢直视前方”，也有人说它们“伸出爪子拼命乞求原谅”、“可怜兮兮地溜走”或“打太极”，这儿转转，那儿瞟瞟，通常“夹着尾巴”。[2]

霍洛维茨在一个房间里放了美味的食物，让狗主人告诉狗可以吃，要不然就不准吃（绝对不行！）。然后主人离开房间，只留下狗和食物。实验的关键点在于，主人回来时食物不见了。有时确实是狗吃掉了食物，但有时是霍洛维茨在狗主人不知道的情况下拿走了食物。而狗主人因为食物没了而训斥狗时，狗就会表现出“一副愧疚的样子”，哪怕食物并不是它偷吃的。狗狗不是因为违反规则而“愧疚”，只是不喜欢挨骂。[3]

因此柳德米拉无法确定普恩卡会不会嫉妒她对其他幼崽的关注。但她知道，这只小狐狸和她产生了一种特殊的感情。随着幼崽们的成长，这种感情愈发强烈，柳德米拉也感受到这种情感的力量。不久，普恩卡就需要它特别的人类朋友来帮忙，防止它受到哥哥姐姐们的欺负，因为普什辛卡觉得孩子们应该内部解决吵架之类的事情。

普什辛卡是个好妈妈，经常和幼崽一起玩耍，在它们小的时候细心照顾它们。它喜欢和它们玩追赶游戏。普什辛卡和小狐狸们会在院子里追逐柳德米拉，拽她的衣服，轻咬她的腿脚。虽然普什辛卡很细心地看护，但随着小狐狸们逐渐长大，游戏越来越野蛮，它们就必须自己防卫了。弱小的普恩卡经常需要柳德米拉的庇护。普肖克对普恩卡特别凶，柳德米拉记录，它经常对妹妹摆出“宣战的表情”，然后就开始咬它。但柳德米拉也不可能时刻保护普恩卡。有一次普恩卡被欺负了，甚至脖子上的毛都被扯掉了。柳德米拉给兽医打电话，让兽医把普恩卡带到诊所治疗。

普恩卡康复过程中住在养殖场的主要区域，在那里它可以得到更好的照料。柳德米拉经常去探望普恩卡。她一来，普恩卡会明显振作；她离开，普恩卡则会呜咽。柳德米拉对此深受感动，在日记中记录了与普恩卡分别对她来说是多么的艰难："我下午6点去看普恩卡。一听到我叫它就来了，平静地和我打招呼，毫无怨言，之后立刻爬到了我的手上。"同样的事情天天发生，柳德米拉在日记中记录："普恩卡蔫蔫地蹲着"，只有在她过去的时候才开心一些。每次她和普恩卡在一起，她的小狐狸朋友"就不离左右……它像一只小狗一样跑到我脚边。我对它做什么都行。当我开始抚摸它时，它就会躺下来翻出肚皮"。柳德米拉怎么能不心生触动呢？

柳德米拉深爱普恩卡，也喜欢其他的小狐狸。显然，它们对柳德米拉和她的女儿玛丽娜也有很深的感情。柳德米拉在记录中写道："这些小狐狸把我和玛丽娜团团围住。""每次三四只爬到我的大腿上，发出的声音像人'唱歌'一样。"她很难进一步描述这种声音。听起来肯定是表示满意的，但是她对动物发声没有研究，此外她也想到评估动物情感所面临的困难。就眼下而言，她只能把这些记录下来，放在脑子里，等将来再去研究。

小狐狸开始愈发吵闹时，会故意跑到柳德米拉身边，"摇摆尾巴，躺在地板上喘气"。它们过着无忧无虑的生活。柳德米拉写到，她走进屋子的一个房间，看到所有的小狐狸都"睡得很香甜，没有烦恼，也没有恐惧"。

普什辛卡和柳德米拉之间也产生深厚的感情。幼崽渐渐长大，它不用花太多时间去照顾它们，更多注意力转向了柳德米拉，总是要她陪伴。如果柳德米拉出现在后院另一边，普什辛卡就会跑过来让她陪自己玩，哪怕摸摸也行，或者干脆躺在她的脚边让她挠下巴。有时柳德米拉去研究所工作或回家陪陪家人，回来的时候，普什辛卡会兴奋地摇着尾巴在门口迎接她。

普什辛卡还有一种行为很像狗——它渐渐会区分每一个来访的陌生人，而不是当成笼统的人类。普什辛卡对人一般非常友好，但就像狗有时对某些人凶狠地狂吠而对另一些人一见如故一样，普什辛卡也对一些来访者防范心更强。它仍然在屋里藏柳德米拉给它的某些食物，比如鸡腿。有一天，当清洁女工进来时，普什辛卡突然从窝里冲出来，从一个角落匆忙跑到另一个角落，大口大口地吃它的好东西。它似乎怀疑这个女人会拿走它珍贵的美食。研究所一名男研究员阿纳托利（Anatoly）来到实验房时，普什辛卡把幼崽带出屋外，似乎是怕他伤到孩子们。而驯化野生老鼠的那个帕维尔却可以来往如常。有时柳德米拉有急事要处理，他就在那里过夜。普什辛卡在他面前也会亮出肚皮让他抚摸。它似乎逐渐认识到，那些与它们日夜待在一起的人，包括柳德米拉和其他研究员，都属于特殊人群。

普什辛卡和柳德米拉建立了最牢固的情感纽带，就像狗和主人之间一样。它对柳德米拉的保护欲越来越强，也因为她关心其他狐狸而表现出嫉妒。有一天，柳德米拉带一只名叫拉达（Rada）的雌性温顺狐狸来家里，普什辛卡攻击拉达，把它赶出屋子，逼到后院里。普什辛卡对柳德米拉也很生气。“我觉得普什辛卡不再信任我了，”柳德米拉说，“它甚至不让我摸它。”但情况很快好转。柳德米拉写道：“我把拉达一带走，和普什辛卡的交往就恢复正常。”

亲密程度很明显了。即便如此，一天晚上，柳德米拉还是对普什辛卡表达忠心的方式感到震惊。

1974 年 7 月 15 日，柳德米拉正坐在屋外的长凳上休息，而普什辛卡像往常一样趴在她脚边打盹儿。突然，屋外围栏附近的脚步声惊醒了普什辛卡。柳德米拉以为是养殖场的夜班警卫在巡逻，就没有多想。但普什辛卡不这么认为。柳德米拉从未见过它对人类有那么大的敌意，当时它明显是觉察到危险。普什辛卡在暮色中朝假想中的入侵者扑过去，发出一连串的吠叫，把柳德米拉吓了一跳。的确，凶猛的狐狸有时会对走近笼子的人发出短促、凶狠的声音，但这次不一样。并没有人接近普什辛卡，是它跑出去追别人，像一只护家的狗一般狂吠。柳德米拉立刻想到，狗叫是为了保护它们的主人，而狐狸不会。

柳德米拉急忙跑到围栏边，发现原来是值夜班的工人惊动了普什辛卡。她刚开口和那个工人说话，普什辛卡就感觉到一切正常，停止狂吠。

柳德米拉一直找不到合适的句子来形容那天夜晚听到她的小狐狸朋友吠叫时内心难以抑制的情感。她既感动又骄傲。至于普什辛卡，它似乎也很自豪。

柳德米拉一直很好奇：与一个人或一群人一起生活，是否会让精英狐狸对特定的人产生忠心，就像狗所表现出来的那样？从普什辛卡的表现来看，它无疑已经对柳德米拉产生了深厚的感情和保护行为。

渐渐地，柳德米拉和养殖场的人开始把实验房称为“普什辛卡家”。柳德米拉在那里度过的每一天都很有趣。普什辛卡的幼崽变得越来越吵，开始热情地和她玩游戏。“要是一只小狐狸跳到我的膝盖上，”她写道，“第二只会把第一只推开，第三只推开第二只，一个接一个。”她坐在沙发上，小狐狸们就爬到她身边，闻她的头，舔她的耳朵。它们还喜欢她为它们设计的“捕猎”游戏——她把一块布或浴袍放在地板上，手伸到下面模仿老鼠，它们就会蹦起来，猛扑过去。

狐狸幼崽们也开始内斗，柳德米拉作为第二个妈妈，有时不得不安抚小家伙们。“普肖克在棚子里追赶普恩卡，”她写道，“等我到那里时，普恩卡似乎受够了。它让我把它抱起来。带它回家时，它非常高兴。”

普什辛卡的孩子们长到9个月大，就不再是幼崽了。它们已经接近交配的年纪，柳德米拉团队必须做出取舍。他们不可能把普什辛卡和它所有的后代留在这间小小的实验房里。他们决定每年只从普什辛卡或者它的孩子新生的幼崽中挑选几只住在这间屋子里，其余的将与养殖场其他精英狐狸一起生活。他们继续给每只新出生的小狐狸取一个字母“P”开头的名字，表示是普什辛卡的。很快就有了一窝小狗，其中有普罗什卡（Proshka）、普米尔（Pamir）、普什卡（Pashka）、普伊娃（Piva）、普西亚（Pusya）、普罗霍尔（Prokhor）、普利尔斯（Polyus）、普尔加（Purga）、普尔坎（Polkan）和普尔安（Pion）。每一只在成长中都表现出了一些独特的品质：普罗什卡特别喜欢闻柳德米拉的头发，如记录中所说，它“最爱干的事”是咬柳德米拉的鞋子；普尔坎整天跟在柳德米拉身后；普米尔特别“健谈”，叽叽咕咕地像在自言自语；普拉特（Pirat）是最独立的。

柳德米拉虽然很享受和幼崽们在一起的日子，但是她决定，尽可能不在实验房过夜，夜晚的时间她要回家跟家人们一起度过。狐狸们不想让她离开，总是跟着她走到门口。刚开始，她每次离开都很内疚。不过，好处是她每天早晨回到实验房前，狐狸们都会急切地向窗外张望，并且会非常兴奋地在门口迎接她。

1977 年年初，普什辛卡小屋已经年久失修，为了使实验正常开展，德米特里筹资建了一所新房子。他和柳德米拉决定利用这个机会，重新调整研究狐狸家族的方法。柳德米拉需要更多时间来分析实验中狐狸的变化。这涉及大量数据，所以他们决定减少每天观察普什辛卡家族的时间。新房子将分成独立的两部分，一部分供狐狸居住，另一部分给柳德米拉办公。这样柳德米拉就可以安心做研究。她每天会至少花两个小时和狐狸一起待在它们的屋子里或院子里。

普什辛卡和它的两个女儿、两个孙辈一同搬进新家后，并不满意这种安排。它们看起来很怀念同柳德米拉亲密无间的日子，而柳德米拉自己也很怀念它们的陪伴。普什辛卡离开柳德米拉简直度日如年，柳德米拉过来看它们时，普什辛卡经常偷偷溜进柳德米拉那边。有时它得逞了，就在她身边扭来扭去。一旦柳德米拉让它回到狐狸待的那边，普什辛卡就会大声表达不满。柳德米拉注意到，普什辛卡似乎还记得老房子里的往事。她写道："普什辛卡常常在院子里朝老房子张望，那是从前它和人一起愉快生活的地方。"

看到普什辛卡不开心，柳德米拉也很难过，所以有时她会"破戒"。"（今天）普什辛卡异常悲伤和深情，"她在一篇日志中写道，"它把头搁在我的脚上，躺了很长时间，饱含悲伤和忠诚地注视我的眼睛。"那天，柳德米拉允许普什辛卡和她待在一起，好好探索了一番她的生活空间。毕竟，没人愿意看到自己的朋友情绪低落。

也许因为与柳德米拉和其他协助研究的工作人员接触的时间少了，所以狐狸在与人类相处时表现得更急切。只要有人来它们这边，它们就会一拥而上，争先恐后地引起注意。通常，狐狸们相互玩得很好，也很享受彼此的陪伴。但是当柳德米拉和在实验房里待得最久的助理塔玛拉坐下来休息时，如果她们抚摸一只狐狸或表现出任何形式的特别关注，其他狐狸想加入这场聚会，就会受到激烈的咆哮警告。

屋里的狐狸对柳德米拉和"自己人"的保护欲也变得更强。1977年7月的一天，研究所一位研究员和一个学生顺道来看狐狸。他们之前从未来过。当他们进入房子时，普什辛卡狂暴不已。此前柳德米拉唯一一次看到它如此激烈的反应，还是那天晚上它追赶巡逻的工人并朝那个女人狂叫。后来再没有听到过它发出类似的叫声。这次它也没有吠叫，只是凶猛地咆哮。精英狐狸通常不会表现出这种行为。普什辛卡显然已经能够区分跟它们家有关的人和陌生人。毫无疑问，普什辛卡正在习得一些新行为。

早在1971年德米特里参加爱丁堡会议时，关于先天遗传与后天行为孰轻孰重的问题就是热门话题，此后一直热度不减。柳德米拉在普什辛卡身上的发现提供有力的证据，表明这个问题本来就没有非此即彼的确切答案。

我们先来回顾一下灵长类动物学家珍·古道尔（Jane Goodall）的实验。长期以来，她的研究引起科学界激烈的争论。自1960年开始，珍·古道尔听取古生物学家路易斯·利基（Louis Leakey）的建议，在非洲东海岸坦桑尼亚的冈贝保护区（Gombe Reserve）对黑猩猩进行了里程碑式的观察实验。而利基和他的妻子玛丽（Mary Leakey）在坦桑尼亚的奥杜瓦伊峡谷（Olduvai Gorge）发现了人类原始祖先的骨骼化石，这是一项了不得的成就。利基认为，观察灵长类动物的行为有助于阐明早期人类祖先的生活方式。古道尔关于黑猩猩社群和它们与人类行为相似性的报告，很早就吸引了大众关注。在动物行为学界，有些人极力反对古道尔对她所观察到黑猩猩行为做出的阐释。在《人类的阴影》（*In the Shadow of Man*）中，古道尔对黑猩猩群体中紧密的联系进行了引人入胜的描述：“我看到一只刚加入群体的雌性黑猩猩急切地向一只高大的雄性黑猩猩伸出手。而他几乎可以说非常庄重地紧紧握住她的手，把她拉到身边，用唇部亲吻她。我看到两只成年雄性打招呼时互相拥抱。”小黑猩猩似乎沉浸在日常的友情中：“它们在树梢上玩，相互追逐，或者一个接一个地从树枝上跳到下面有弹性的树枝上，一遍又一遍。”[4]

珍·古道尔指出群体中的每一个动物会表现出独特的个性。尽管母子关系最为紧密，但强大的社会关系不仅将直系亲属联系在一起，也联结了更大的群体。黑猩猩似乎本能地关心群体成员。它们分享食物，必要时互相帮助。而让她觉得可怕的是，在 20 世纪 70 年代中期持续观察黑猩猩时，她看到极端暴力的行为。比如权力更大的雌性黑猩猩杀死同一群体中其他雌性的后代，还有雄性黑猩猩对群体的杀戮，有时甚至达到吃掉死去成员的地步。这些动物会用如此有策略的方式杀死同类，这原本被视为人类独有的特征。这个事实让古道尔很失望。“我刚到冈贝的时候，”多年后她写道，“还认为黑猩猩比人类更善良。但时间表明事实并非如此。它们可能同样可怕。”[5]

黑猩猩这些与人类类似的行为，让包括古道尔在内的很多人认为，它们的思维能力比灵长类动物学家原本认为的更强，在情感上也更类似人类。这就引发了新的猜想：动物思维的本质是什么？动物的思维和学习能达到何种复杂程度？这项研究也启发了一些新的观念：人类可能依然和灵长类祖先十分相似。

但一些动物行为学家觉得古道尔关于黑猩猩思维的假设太过了。他们觉得她将黑猩猩人格化，她把人类的品性投射到黑猩猩身上，但事实上黑猩猩并不具备这些特点。她还给黑猩猩起名，比如格雷伯德（Greybeard）、歌利亚（Goliath）和汉弗莱（Humphrey），这无异于火上浇油。动物行为学家反对最激烈的是，她声称黑猩猩非常聪明，因为它们学会了制造工具。在她最早的观察中，她注意到黑猩猩从细枝上剥下树皮，然后将树枝塞进白蚁丘，拖出来之后就能大快朵颐。在她看来，这似乎是黑猩猩使用工具的确凿证据。在此之前，人们一直认为只有人类能够使用工具。但一些动物认知专家并不认同她的观点。他们认为，这种行为不足以证明黑猩猩能像人类一样解决问题或推理判断。

当然，柳德米拉在狐狸身上看到的学习行为，与使用工具所需的学习并不一样。但她和德米特里都认为这对理解驯化过程很重要。他们不是动物认知或动物情感方面的专家，也没有条件研究狐狸的认知能力，或是分析它们摇尾巴、呜咽、舔手或仰躺下时，是否和人一样感到愉悦和喜爱。要完全弄清动物的情感，他们认为是不大可能的，如今许多专家依然认同这一点。

不过，他们非常确定一点——与柳德米拉一起生活，强化了普什辛卡及其家族的驯化行为。它们都会了一些更像狗的动作。柳德米拉还观察到一些迹象，她认为这表明普什辛卡具有基本的推理能力。

印象特别深刻的一件事，是柳德米拉目睹普什辛卡欺骗乌鸦的把戏——这个把戏也骗过了她本人。那天，柳德米拉去养殖场和狐狸们待一会儿，回来的路上，看到普什辛卡静静地躺在后院草地上，像是没呼吸了。柳德米拉吓坏了，马上朝那边冲过去，普什辛卡仍然一动不动。柳德米拉挨得很近了，才发现它有喘气的迹象。柳德米拉转身跑去找兽医。就在这时，她注意到一只乌鸦飞到院子里，落在普什辛卡身边。刹那间，普什辛卡恢复活力，一把抓住乌鸦。柳德米拉想：如果说普什辛卡没有某种简单的推理思维，如何解释这种聪明的计划呢？这种“表演”，表明它知道乌鸦会觉得它已经死掉，而且这又涉及一个基本的认知：它似乎知道乌鸦喜欢以动物尸体为食。果真如此的话，它的陷阱设得可真高明。

另一更惊人的例子或许也表明狐狸有推理能力。新实验房里有一个过来帮忙的助手，也叫玛丽娜。她每天都会坐在房子里抽烟。屋里有一只狐狸，玛丽娜给它起名叫杰奎琳（Jacquelin）。玛丽娜特别喜欢杰奎琳，杰奎琳也喜欢她。有一天，玛丽娜坐下来抽烟时，往常放在桌上的烟灰缸不见了。她问屋子里其他人知不知道到哪去了，大家就开始找。突然，他们听到房间里一个橱柜后面有响声，随后就看到杰奎琳把那只丢失的烟灰缸推了出来。他们都觉得不可思议。

也许纯属巧合，杰奎琳只是凑巧被烟灰缸绊了一下，就把它当玩具玩。但是，很显然它似乎明白玛丽娜在找什么东西。有可能它经常看玛丽娜吸烟，把烟灰缸和抽烟联系起来。柳德米拉无法弄清杰奎琳的真实想法，所以不可能进一步求证。直到后来，有动物认知专家听说了这些狐狸，前往科技中心做了一项有趣的研究，证实了狐狸通过观察人类进行推理的强大能力。

柳德米拉和德米特里有能力进一步研究的，是先天特征和后天学习还能从哪些方面影响这些温顺的狐狸。他们一直在尝试最新技术。在柳德米拉住在“普什辛卡之家”这段时期，他们决定看看能否进一步确认在狐狸的温顺行为中基因影响的程度。

即使他们尽力控制实验环境，仍有一些微小的、几乎无法察觉的变量混进来。例如，最温顺的母狐狸与凶猛的母狐狸对待幼崽是否大不一样？或许幼崽会通过母亲对待它们的方式，习得某些行为，才对人类表现得温顺或凶猛？

要确定基因差异是否导致温顺与好斗之间的差异，只有一种方法。德米特里和柳德米拉将不得不尝试所谓的“交叉培养”（cross-fostering）：从温顺狐狸的子宫里取出发育中的胚胎，移植到凶猛狐狸的子宫中，这样就能让凶猛的狐狸生育并抚养那些幼狐。如果这些幼狐最后是温顺的，那就可以得出结论：温顺本质上是基因决定的，不是后天培养出来的。为了实验的严谨性，他们还要将凶猛母狐的胚胎移植到温顺母狐的身体里，看看是否会得到相对的结果。

交叉培养的原理很直观。多年来，研究人员一直用这种方法来研究先天与后天的作用。但说起来容易做起来难，因为技术上有难度，对不同物种而言效果也不一样。此前从未有人尝试过移植狐狸胚胎。不过话说回来，他们做的很多事情本来就是史无前例的。所以柳德米拉决定自己摸索精确的研究方法。她读了所有能找到的关于其他动物移植实验的资料，还咨询了团队里的兽医。事关狐狸的性命，所以她全力以赴，尽可能掌握所有信息。

她要把受精 8 天左右的微小又脆弱的胚胎，从一只母狐的子宫移植到另一只受孕的母狐子宫里面。也就是说，一些温顺母狐的胚胎被移植到凶猛母狐的子宫中，而一些凶猛母狐的胚胎将被移植到温顺母狐的子宫中。7 周后幼狐出生时，她会密切观察它们的行为，看看温顺母狐的幼崽是否会变得凶猛，而凶猛母狐的幼崽是否会变得温顺。但问题是，在母狐的一窝幼崽里，她如何辨别哪些是移植过来的，哪些是亲生的呢？不知道这一点的话，实验就是徒劳的。她知道狐狸自有一套独特的毛色编码机制，人们已经确认狐狸的毛色由基因控制。那么如果她细心选择雄狐和雌狐，使其后代的毛色可以预测，两类母狐生出的幼崽毛色就会不同，这样她就能分辨出哪些是母狐亲生的，哪些是移植来的。

在忠实的助理塔玛拉的协助下，柳德米拉主刀移植手术。每次手术都涉及两只母狐，一只温顺，一只凶猛，均怀孕一周左右。柳德米拉轻微麻醉狐狸后，在每只狐狸的腹部切一个小口，定位子宫及左右“角”，每个子宫角都已经有胚胎种植在上面。她将胚胎从一个子宫角中取出，保留另一个子宫角的胚胎。接着，她在另一只母狐身上重复同样的操作。移植过程中，胚胎会浸入移液管顶端的一滴营养液中，再移植到另一只母狐的体内。柳德米拉自豪地回忆说："胚胎在子宫外（室温为18℃到20℃）停留的时间不到五六分钟。"随后，母狐被移到术后休息室好好恢复。

研究所的每个人都焦急地等待着结果。即使手术进展顺利，移植的胚胎也可能无法存活。不过，等待是值得的。饲养员最先发现第一窝幼狐出生了，这标志着狐狸实验取得新进展。他们马上把消息传到研究所。"这就像一个奇迹，"柳德米拉记录道，"所有的工作人员都聚集在围栏周围，举杯欢庆。"

从幼崽离开小窝能与人类互动时，柳德米拉和塔玛拉就开始记录它们的行为。一天，柳德米拉看到，一只凶猛的母狐带着自己亲生和代孕的幼崽列队前行。"太奇妙了，"柳德米拉回忆道，"凶猛的母狐生出的后代，既有温顺的，也有凶猛的。温顺的幼狐即便还走不稳，只要有人过来，它们就会冲到笼子门口，摇着尾巴。"觉得奇妙的不单是柳德米拉，狐狸妈妈也一样。"凶猛的母狐会惩罚温顺的幼狐这种不当行为，"柳德米拉回忆道，"它们冲幼狐咆哮，咬着脖子把它们丢回窝里。"凶猛母狐亲生的幼狐对人类没有表现出好奇心，它们和母狐一样，不喜欢人类。"相反，凶猛的幼狐一直端着架子，"柳德米拉回忆道，"它们像亲生母亲一样气势汹汹地咆哮，见人就跑回窝里。"这种模式一再重现。幼狐表现得像它们生物学上的母亲，而不像代孕的母亲。毫无疑问，在某种程度上，它们对人类基本的态度——温顺或凶猛——的确是遗传特征。

普什辛卡的居住实验，表明温顺的狐狸也会习得一些行为。

和人类一起生活教会狐狸更多新行为，有些狐狸表现得就像它们的近亲宠物狗一样。基因无疑作用巨大。但温顺的狐狸并不是由基因自动生成的——它们是在与人共同生活的过程学会识别不同的人，并与特定的人很亲密，甚至保护他们。这些后天习得的行为和狗的行为实在太像，表明狼在变成狗的过程中，可能也会通过与人一起生活而学会某些东西。德米特里和柳德米拉提供了一些最可靠证据，证明动物行为受到遗传系谱和生活环境的共同作用，而他们的方法是极具开创性的。

当柳德米拉第一次听到德米特里解释驯养狐狸的计划时，她想到了安托万·德·圣-埃克苏佩里（Antoine de Saint-Exupéry）著作《小王子》（*The Little Prince*）里狐狸的经典语录。狐狸对王子说："你必须对你驯服的东西负责。"柳德米拉，以及德米特里和她的助手，甚至研究所里的所有人，都强烈地感觉到这种责任。这就是为什么他们夜晚还要雇一些饲养员来看守养殖场及其宝贵的"居民"。他们对狐狸不只有责任，还有爱。柳德米拉和她的助手们在与普什辛卡和它的幼崽们住在一起时，真心爱上了这些动物伴侣，就像养猫养狗的人爱他们的宠物一样。柳德米拉心里明白，这一点不容置疑。他们感受到的强烈的爱也很重要，这能说明人和动物之间为何形成如此牢固的情感纽带。

不可避免地，这种爱也伴随着巨大的悲伤和失落。

1977年10月28日这天早上，柳德米拉和塔玛拉走近实验屋，却没有看到狐狸从窗口往外看。直到接近前门，也没有听到狐狸兴奋的叫唤。这就很奇怪——往常，狐狸总是热情地欢迎她们。她们着急地打开门，没有看到狐狸跑过来跳到人身上。她们走进屋里，发现屋里空荡荡的。随后她们惊恐地发现，房间的地板和墙上到处是血迹。这时她们才意识到，夜里有歹徒溜进来杀死狐狸，剥皮去卖钱。

柳德米拉和塔玛拉震惊不已，说不出话来。过了一会儿，她们才哭起来。突然，她们听到一阵呜咽声。让她们惊喜的是，普什辛卡孙辈里最胆小的普罗什卡冲进了房间。“普罗什卡听到我们的声音，”柳德米拉回忆道，“就从藏身的角落跑出来，寸步不离地跟着我们。”最安静、最孤单的那只狐狸，足够机智也足够幸运地活了下来。

人们精心照顾普罗什卡好一段时间，让它恢复正常，然后继续在实验房里快乐地生活。不久，更多的狐狸来到这里，并生下幼崽，其中一只幼狐被命名为普什辛卡二代。狐狸们继续在这间屋子里住了好几年，没有再发生什么意外。不过，柳德米拉待在那里的时间少了。她还有其他工作，而且那起事故实在让她太痛苦。

人们到现在都不知道血案是如何发生的。屋子外面围着一道高高的篱笆，门锁着，也没有破坏的迹象。在狐狸养殖场巡逻的两名守夜人没有上报任何异常情况。警察来了，但对调查结果闭口不谈——那是在 1977 年的苏联——但他们向柳德米拉和德米特里了解一些情况，并询问工人们。倒不是觉得是工人们做的，但他们可能看到或听到什么。然而并没有人注意什么情况。那些凶手显然是在夜深人静时动手，来去匆匆。

“差不多过去 40 年了，”柳德米拉最近回忆道，“（但）我仍然感到恐惧。造成这一悲剧的原因之一，是我们的狐狸太信任人类。它们不知道除了喜欢它们、宠爱它们的人之外，还有一些人能射杀它们。”

实验仍在继续，柳德米拉很感激其他人承担越来越多的责任和任务。触景生情的痛苦让她难以再待在那，因此她转向一项新的研究，开始研究她特别选出的狐狸。

6

美妙的互动

交叉培养的遗传学实验，加上柳德米拉和普什辛卡迅速发展的亲密关系，类似于急速重现了人类祖先与家养犬之间关系的进化。对动物温顺程度的人工选择，竟能如此明显地改变动物行为，使之由成年后离群索居的自然倾向，转向形成强烈的情感依赖，而且竟然是与另一个物种之间的感情，这实在不可思议。在狼身上发生同样变化的速度如何，我们无从得知，但遗传学和考古学的证据都表明，至少在几千年前，甚至数万年前，我们与狼或类似狼的原始犬类，就形成了一种相比与其他动物更深厚的关系。长期以来，这种关系一直非常密切，因此有专家认为，人与狗这两个物种是共同进化的，也就是说，我们为适应彼此而在基因上做出调整——养狗的岁月似乎已经在我们的 DNA 上留下印记，与人类相伴的经历也已经刻进狗狗们的 DNA 中。

世界各地出土了大量远古时期犬类的墓葬，这有力地证明人类与狗的亲密关系由来已久，而且很快就变得坚不可摧。我们远古时代的很多祖先会将爱犬葬在墓穴中，就像安葬亲人一样，有时狗还会和主人埋在同一个墓穴里。事实上，大约在1.5万年前到1.4万年前，也就是人类最开始驯化狗的时候，人类就开始这么做。

迄今为止发现的犬类墓葬，时间可以追溯到1.46万年前至1.41万年前，地点位于德国波恩的小镇奥伯卡塞尔（Oberkassel）。墓穴里除了一条母狗的残骸，还有一名50岁男子和一名20岁女子的尸骨，推测应该是狗的主人。而乔丹河谷（Jordan Valley）距今约1.2万年前的墓葬，更能生动地证明人与狗的亲密关系——墓穴就在一户人家的门口，立了高大的石碑；一具人体骨骼向右侧卧，按照习俗摆放成睡觉的姿势，左臂伸开，搁在一具小狗的骨架上，仿佛和它拥抱在一起。西伯利亚贝加尔湖畔一处遗址也有许多犬类墓葬，时间大约在距今约8000年前至7000年前，同样表明狗在人类群体的生活中具有重要意义。很明显，人将狗精心安置在那里。有些狗周围有贵重的随葬品，例如鹿角雕刻的勺子和刀；有些狗的脖子上还戴着鹿牙制成的项链，就是当地人佩戴的那种首饰。在一处坟墓里，一个人和两条狗埋葬在一起，左右各一。

这些墓穴证实，狗确实在早期人类社会中发挥重要作用，很可能能帮助驮运、放哨和狩猎，但这种关系的性质已经远远超出纯粹的实用性。许多专家认为，这些墓葬表明人们认为狗是一种有灵性的动物，死后应像人类一样受到尊重。[1]贝加尔湖遗址为此提供了有利的证据，不单是因为狗的墓穴里有贵重的随葬品，也是因为当地人靠渔业为生，主要捕鱼和海豹，很可能不需要狗来帮助他们打猎。

为什么我们的祖先这么喜欢狗，并赋予它们如此崇高的地位？一个原因可能是在几千年里，它们是唯一被驯化的野生动物，因此人们相信狗有一些特别之处。保守估计，狗被驯化的时间大约在1.5万年前到1.4万年前，因此大约5000年间，它们是唯一被驯化的动物。直到约1.05万年前，绵羊和猫发生了这种转变。接下来是相对迅速的一系列驯化：山羊在约1万年前被驯化，猪和牛则都在约9000年前。[2]

考古学方面的最新发现表明，人类和狗在一起生活的时间，比我们之前认为的还要长数千年。遗传学方面的新成果也很有意思，科学家发现在人与狗一起生活的漫长岁月中，对彼此越来越有助益。最引人遐想的考古学发现，或许是法国肖维（Chauvet）岩洞地面上的一组脚印化石。这个岩洞以精美的壁画闻名。这组壁画的时间可追溯到2.6万年前，其中描绘了凶猛的食肉动物，包括狮子、美洲豹和熊。洞内除了一个估计在10岁左右的男孩的脚印，旁边还有一组大型犬科动物留下的爪印，看起来更像是狗而不是狼。[3]这让人不禁想到一条刚驯化的狗忠实地跟着男孩走路的场景。壁画上描绘的凶猛的食肉动物，无疑说明了人为什么乐意选择这种半像狼半像狗的动物作为同伴。而在比利时的一个洞穴中出土了距今大约3.17万年的动物头骨，看起来很像是狗。据此推测，狗或与之类似的远古动物出现在人类生活中的时间还要更早一些。[4]

人与狗一起生活许久，环境和生活方式都发生诸多变化，人类从狩猎采集者过渡到农民，再到城市居民，家养犬陪伴我们走过这段历程，彼此的基因组也以复杂而相似的方式产生适应性变化，既适应彼此，也适应环境。这就是所谓的遗传适应（genetic adaptations）。例如，人类基因组中让我们的祖先适应淀粉类食物（如人类栽培的小麦、大麦、大米等）的基因，也出现在狗的基因组中，这样狗也能食用这些食物。狗最初可能是从人类祖先的田地或粮仓中捡食，后来就由人喂食。以肉食为主的狼，则没有如此复杂的遗传机制来让它们食用谷物。[5]

人与狗共处给彼此都带来很多好处，这也证明我们因为彼此相伴而产生了适应性变化。许多研究表明，养狗对人的身心都大有裨益，例如降低血压，减少心脏病发病率，进而减少看医生的频率。养狗还可以增强我们的社交能力，帮助我们战胜抑郁。最近对神经递质催产素的研究证实每个养狗人都早就清楚的事实：人类和宠物狗真心喜欢彼此的陪伴。双方都在一个正向反馈的循环中，舒适感就像雪球那样越滚越大。

40 多年前研究人员就已经弄清楚，催产素是母亲和孩子（不仅限于人类）之间情感纽带的生理基础。[6]最近的研究又发现，当母亲和新生儿对视时，母体的催产素水平就会上升，新生儿的催产素分泌系统也会高速运转。这促使婴儿更渴望与母亲对视，也进一步增加母亲体内的催产素。[7]当研究结果于 2014 年发表时，人们也研究出催产素在宠物狗与主人互动中所起的作用：当主人抚摸宠物狗时，人类和狗体内的催产素水平都会上升。[8]而最近又有进一步的发现：2015年的一项研究表明，母亲与新生儿对视引起的催产素正反馈，也存在于主人和宠物狗之间。也就是说，狗和主人简单的对视，也会使双方体内的催产素水平上升，进而带来更多的爱抚和更多的催产素，彼此之间的爱都以化学形式体现出来。甚至，如果将催产素喷到宠物狗的鼻子上——研究人员就这样做了——宠物狗就会更长久地凝视主人，激发新一轮的"爱的交换"。在这个实验中，要是把狗换成狼，就不会产生任何结果。当然，要发现这一点，想必需要研究人员有十足的勇气。[9]

狗和人之间的这些生物学效应，源于控制激素和其他神经化学物质生产的基因变化。这就为德米特里的理论提供了更有力的支持。该理论认为，以温顺为目标的驯化行为，会导致调节身体机能的化学物质产生一系列变化。德米特里一开始强调激素分泌的变化，是因为他的理论最初形成时，科学界对催产素等神经化学递质还知之甚少。从20世纪70年代开始，研究成果逐渐揭示这些物质调节动物行为的重要作用，特别是对动物快乐或沮丧情绪的影响。德米特里意识到，在去稳定选择带来的变化中，这些物质可能也是必不可少的。最近涌现出的很多研究成果表明，动物行为对这些遍布大脑和身体中的化学物质极其敏感，这有助于解释为什么温顺狐狸的行为变化如此之快，为什么柳德米拉和普什辛卡会产生如此紧密的联系。

在狐狸实验的头10年，德米特里和柳德米拉未能深入研究温顺狐狸体内的生化变化。他们只是发现温顺狐狸的应激激素含量要低得多，这是一个好的开始。但是，还有更多的工作要做。等到20世纪70年代，当检测和调控激素水平的方法取得重大进展时，柳德米拉和德米特里才能做出更多更重要的发现。

其中一项重要发现涉及一种神经化学物质——血清素（serotonin）。血清素发现于20世纪30年代，最初被认为是一种肌肉收缩剂，有助于调节肌肉，因而其英文名来自“起调节作用的血清”（toning serum）的缩写。[10]但在20世纪70年代初，人们发现，大脑中血清素水平越高，情绪就越积极，焦虑感就越少。1974年，也就是柳德米拉和普什辛卡搬进实验房的那一年，第一种以血清素为基础的抗抑郁药百忧解（Prozac）横空出世。这些有关血清素的新成果让德米特里越发相信，温顺的狐狸之所以看起来非常快乐，部分是因为它们体内产生的这种神经化学物质更多。柳德米拉也测试了温顺组和对照组狐狸的血清素水平，结果发现，温顺组狐狸体内的血清素水平明显更高。它们不仅是看起来更快乐，实际上也确实如此，至少从激素含量来看是这样的。狗与狼相比较的结果也一样：前者的血清素水平要高得多。[11]

柳德米拉和德米特里还在实验狐狸身上测试了褪黑素含量，这种物质也很有可能明显影响动物行为。众所周知，褪黑素可以调节许多物种的交配和繁殖时间。他们推测，这一定与雌性精英狐狸发情时间较早有关，而且让少数狐狸可以一年发情多次。之所以认为褪黑素影响动物交配的时间，是因为在野外，许多动物会在白天变长时开始交配，而褪黑素的量会因动物接触的光照量而变化——白天下降，晚间上升。季节的变化也会有影响，从冬到春，白昼日益变长，动物体内激素水平变动，很可能就是促使很多动物交配的一个诱因。

调节褪黑素变化的部位是松果体，它是脑部深处的光受体，经常被称为“第三只眼”。松果体接近脑部中心，因此人们认为它对生命体有至关重要的作用。早在17世纪，笛卡尔甚至猜想它是“灵魂所在之地”，是产生思想的地方。[12]但是，除感知光线外，这个腺体真正的功能仍然是个谜。后来，科学家们发现它能分泌包括褪黑素在内的好几种激素。研究人员还发现，褪黑素水平高能促使性激素快速分泌，而性激素对交配和繁殖过程至关重要。

德米特里和柳德米拉决定研究狐狸所处环境光照的变化是否会影响其交配时间。秋天那几个月，柳德米拉和助手开始让精英组与对照组中的一些狐狸每天额外接受两个半小时的光照。一开始，柳德米拉还不会测量褪黑素水平，因为这个过程非常复杂，而且当时技术刚刚形成，需要坚实的专业知识。但她可以测定性激素的含量，这倒是简单得多。她和团队成员分析测量结果，结果显示，随着光照的增加，精英组狐狸和对照组的狐狸体内性激素都会显著增多，但在精英狐狸身上效果更为明显。更重要的是，雄狐和雌狐都发生这种变化，这是柳德米拉首次发现雄性体内性生物学上的重大变化。事实上，一些温顺狐狸的性激素水平非常高，在检查时发现有些已经进入交配期，雄性和雌性都是如此。这是狐狸实验的重大新进展，现在柳德米拉可以检验精英狐狸能否一年多次受孕——这是动物在驯化中产生的最根本变化之一。她仔细挑选精英狐狸进行交配，但这些雌狐都没有怀孕。显然，除了性激素含量增多之外，还有更多因素参与调节生殖过程。

尽管如此，这仍然是一个重大发现。研究表明，在同样的光照条件下，提前进入发情期的温顺雌性狐狸，分泌的褪黑素含量与其他狐狸不同。但到底是更多还是更少，就需要测定狐狸体内褪黑素的含量。这还挺复杂的。他们得找个有专业知识的人。所里的研究员拉丽莎·科列斯尼科娃（Larissa Kolesnikova）是研究松果体的专家，但她也不知道测量褪黑素的精确方法。

德米特里问拉丽莎是否愿意加入狐狸实验团队，接受培训后参与这项研究。他说，要是答应做的话，她得出国交流，培训要好几个月的时间。这是个挑战，而且有机会做出重大发现。拉丽莎很动心。她也觉得与德米特里合作的前景极其诱人。她回忆道："前途未卜确实让人有些忐忑，但能与他一起工作还是很有吸引力的。"[13] 她同意了，但送她出国可不那么简单。德米特里必须给她办出行许可并筹集培训经费。尽管有"冷战"造成的隔离，苏联科学家的经费也不足，但他决心试一试。作为一个大型研究所的负责人，他有能力把事情办成。他安排拉丽莎前往圣安东尼奥大学卫生中心学习，那里正在开展测量褪黑素含量的最新研究。

不过，学习测量技术仅仅是研究褪黑素的开始。每年1月底，繁殖季到来之前的这段时间，通常认为是褪黑素分泌变化的关键时期，拉丽莎需要昼夜采集狐狸血液样本。白天采集样本倒不算什么，但西伯利亚的冬夜往往极其寒冷，温度常会下降到-40℃。拉丽莎只能安慰自己，就当享受每晚美丽的景色——在她回忆中，月光洒落在雪地上，呈现出“蓝色、淡紫色和紫色的光影”，满天星辉“看起来那么遥远”。[14]但还有个问题是她无法独立完成这项工作，必须要饲养员来帮忙。饲养员以前在帮忙测量应激激素含量时做过类似的工作，但那都是在白天进行。

大多数饲养员都是有家庭要照顾的妇女。连续两周时间，拉丽莎需要她们撇下家人，从夜晚11点到凌晨2点，在养殖场加班好几个小时。拉丽莎深情地回忆：“没有人抱怨没法哄孩子睡觉，或是第二天没时间做饭。她们常说一句话：‘要是为了科学的话，那就去做。’”

寒风刺骨的夜晚，研究所和蔼可亲的司机瓦莱里（Valery）在晚上11点之前几分钟去科技中心的公寓接拉丽莎，然后开到坎斯卡亚扎伊姆卡小镇接工人。拉丽莎记得每个人都站在窗边等着车。一到就上车。他们都知道时间紧迫，不能因为自己耽误进度。

瓦莱里将车开到狐狸养殖场一排排的棚屋旁，在停车场停下，但不熄火。他就坐在车里打个盹。拉丽莎和其他人则去研究柳德米拉当天给的清单，上面列出了当天要采集血样的狐狸。他们必须规划路线，以便能在最短时间内做完。刚刚下过大雪，他们首先要铲雪，清理出通往棚屋和实验室的路，之后才能带狐狸去取样。夜晚几乎漆黑一片，连月光也不甚明亮，所以一些妇女带着柳德米拉提供的手电筒。他们到棚屋后，必须举着手电筒看笼子上的名牌，迅速找到列在名单上的狐狸。然后，她们把那些暖乎乎的小家伙紧紧地抱在怀里，小跑到实验室，采集完血样后又抱着它们跑回来，好像在进行某种秘密的军事行动。采样结束后，所有人跑向货车。拉丽莎回忆："瓦莱里为我们打开门，笑着问我们是不是完全冻僵了。"

分析完血样，拉丽莎去找柳德米拉和德米特里，说自己发现一件奇怪的事情：温顺狐狸血液中的褪黑素含量与对照组狐狸的差不多。区别只在于，温顺狐狸松果体中的褪黑素含量要多得多。[15] 她觉得这个结果很奇怪。与预期的情况一致，温顺狐狸分泌出更多的褪黑素，但褪黑素以结晶的形式聚积在松果体中，因此"堵住"了，无法进入血液。另外，精英狐狸的松果体也小得多，大约是对照组狐狸的一半。大家都不知道这到底是为什么。

很明显，在温顺狐狸身上，负责产生激素的内分泌系统发生明显的变化。但当时对这个无比复杂的系统运行机制了解有限，无法准确描述发生的转变及其原因。内分泌系统太复杂，直到今天也很难解释这一发现。不过，由于温顺狐狸与对照组狐狸呈现出截然不同的实验结果，可以确定的是，就像多年前德米特里所推测的那样，仅仅对温顺狐狸进行人工选择，就会使它们的生殖系统产生深刻而复杂的改变。

德米特里在和柳德米拉研究激素和血清素水平的同时，也在积极筹备1978年8月即将于莫斯科举行的国际遗传学大会。作为大会的秘书长，他得负责所有的准备工作。他希望将会议办成一场规模宏大的盛会——既可以呈现苏联文化的精华，也能展示世界各地和苏联国内的最新研究成果。这次会议将汇集来自60个国家的研究者——共计3462名遗传学家，在此之前几乎都没来过苏联。因此，本次大会将是苏联遗传学的一次盛大亮相，借此机会，他们要向世界展示他们已经摆脱李森科的压迫，正在做一流的研究。德米特里希望与会者对莫斯科之行永生难忘，并且在离开时对苏联彻底改观，不再停留于早先从新闻报道中得到的印象——媒体报道的通常是“冷战”中最近的冲突。

冷战双方紧张关系的缓和，让苏联当局史无前例地向西方遗传学敞开大门，并且相当重视与西方进行新的合作。就在1977年，也就是召开国际遗传学大会的前一年，苏联科学院和美国国家科学院共同评估了苏联现行研究项目的质量。北卡罗来纳州立大学的资深遗传学家约翰·斯坎迪利斯（John Scandalious）是评估人员之一。他会访问并评估苏联的一些遗传学中心，这里面就包括德米特里的研究所。他的到访，为德米特里展示苏联最好的一面提供了一次“彩排”机会。

斯坎迪利斯下榻在新西伯利亚科技中心一家专门接待来

访要员的豪华酒店。这里提供醉人的美酒和美味的晚餐，有时还有大量的鱼子酱和伏特加可随便吃喝。德米特里和妻子斯维特拉娜还多次邀请斯坎迪利斯到家里来，参加他们与研究所工作人员独具特色的晚宴，听德米特里绘声绘色的讲述和大家积极的讨论。斯坎迪利斯印象最深的是，这里的研究员非常强烈地渴求知识——不仅是西方最新的科学发现，也包括文化和政治。

德米特里自豪地带斯坎迪利斯去狐狸养殖场参观。斯坎迪利斯回忆德米特里轻轻地把一只温顺的狐狸从笼子里抱出来的温馨场面："他像对待小婴儿一样搂着它，一边抚摸，一边和它说话。"斯坎迪利斯初见时以为德米特里有点严厉，在一起时间长了又看到他温和的一面。尽管如此，斯坎迪利斯还是没想到德米特里和狐狸在一起时会变得那么和蔼可亲。访问过程中，让斯坎迪利斯深深触动的是，只要是对科学有利的，德米特里都格外宽容大度，而且非常关心研究人员。有一天，斯坎迪利斯和德米特里从会议中出来，德米特里觉得这次会议令人心厌，对斯坎迪利斯说："那家伙是个自大的混蛋。"斯坎迪利斯回忆："当我们谈到科学时德米特里非常兴奋，同时又因为落后西方太多而沮丧。"[16]研究所有些青年学者私下给了斯坎迪利斯几篇未发表的手稿，让他代为提交给欧美遗传学期刊。这在当时仍然是违反官方规定的。然而德米特里得知之后不仅没说什么，还让他不用担心出境时海关的搜查。

最后，德米特里和研究所在斯坎迪利斯的报告中得到好评。

他自信地认为，这是国际遗传学大会成功举办的一个好兆头。

德米特里获批在克里姆林宫正式召开遗传学大会。这也彰显了他在苏联科学界的地位。克里姆林宫是苏联权力和传奇的中心，雄伟高耸的城墙内有元老院、大钟楼、沙皇炮、兵工厂、军械库（国库），还坐落着许多带有壮丽金色塔楼的精美教堂。晚间开幕式的致辞在设有6000个座席的克里姆林宫大剧院进行。

国际遗传学大会的主席、已经79岁高龄的植物学家尼古拉·齐辛（Nikolai Tsitsin）上台做开幕演讲，并向备受敬重的参会者——全球顶尖的遗传学家——郑重宣布苏联已经重新开始真正科学的事业。他首先“代表苏联人民、科学家、遗传学家和选择论者（selectionists）”对来宾表示欢迎，他的演讲明确传递出一个信号：李森科和他的否定主义（denialism）已经死掉、被埋葬，孟德尔遗传学和达尔文的自然选择理论将再次推动苏联遗传学的发展。德米特里对此再高兴不过了。这是他申请召开这次大会的主要目的之一。这天晚上主席还特别指出，最近德米特里教授提出的去稳定选择理论，有力支持了达尔文的自然选择观点。[17] 此时，德米特里已经心里有底，会议已经开了个好头。

开幕式演讲结束后，嘉宾们前往克里姆林宫富丽堂皇的宴会厅。一名与会者回忆，那里“无限量供应香槟和黑鱼子酱。”[18] 之后的晚间，在罗西亚大酒店的豪华套房里，德米特里和斯维特拉娜举办了深夜鸡尾酒会。罗西亚酒店是当时吉尼斯世界纪录里最大的酒店，共有3200个房间，最好的房间可以俯瞰克里姆林宫，酒店甚至设有自己的警察局。斯坎迪利斯确保一场不落地参加每一次宴会。他的妻子佩内洛普（Penelope）在这次异国之旅中随行，深情地回忆了酒会房间里珍贵的跨国友情，以及美味的鱼子酱、鲟鱼和上等白兰地，还有喝烈酒配的糖渍柠檬片，他们为友谊和遗传学而频频举杯。

作为大会的秘书长，德米特里要在晚上的主题演讲中发言。理所当然，他选择讨论狐狸实验。在介绍过所有最新发现后，他播放了一个小短片，动态展示狐狸的情况。此前，他雇了一个专业的摄制组来到养殖场，柳德米拉和助手们带他们到各处拍摄，让他们看到温顺的狐狸及其对人类关注表现出的兴奋，以及凶猛的狐狸和它们的攻击性。柳德米拉还带着摄制组去普什辛卡之家，见到现在住在那里的一窝小狐狸——叫它们的名字就能让它们从院子里小跑着进房间。

灯光暗了下来，纪录片的画面里，牛在吃草、马在跳跃、狗在田野里嬉戏，旁白用清晰的英语说道："人类驯化动物已经有大约 1.5 万年了。"突然，屏幕上出现一只木炭色的小狐狸，它在一条乡间小路上欢快地蹦蹦跳跳，没有拴绳子。狐狸身边跟着一个穿白大褂的女人，她是研究所的一名研究人员。这只狐狸嗅着路边的青草，摇着卷曲的尾巴，不停地抬头看那个女人，以确保她能跟上——它看上去就像一条狗。当摄像机在养殖场各处拍摄时，小狐狸们在调皮地啃着研究人员的手指，成年狐狸们则看到柳德米拉和助手塔玛拉走近笼子向它们打招呼，兴奋地摇着尾巴。普什辛卡之家的狐狸家族跟着柳德米拉进出，在后院跑动，围着她争宠。灯光重新亮起时，在场的人都在窃窃私语，议论着这些神奇的动物。

德米特里以此结束他的演讲。他对大家说，经过20年的实验，这个养殖场现在饲养了500只被驯化的成年雌性狐狸、150只成年雄性狐狸和2000只幼狐。其中很多狐狸都显示出驯化特征。最后，他提出了一个大胆的想法：他的去稳定选择和驯化理论“当然也适用于人类”。即使他没有具体谈论细节，人们在涌出礼堂时还是热议如沸，猜测他到底在暗示什么。

德米特里的意思是，从本质上来说，人类的进化可能与狗、山羊、绵羊、牛和猪的驯化遵循同样的进程。这个想法太具有挑战性。人类事实上是被驯化的猿吗？在遗传学大会召开的前几年公布的一些让人难以置信的人类基因分析，证明我们与黑猩猩十分相似，一直以来，这种灵长类动物都被认为是与人类亲缘关系最近的。事实上，这项研究表明，仅凭基因无法解释二者之间所有重大的生理差异，更不用说认知能力。

1975年，玛丽-克莱尔·金（Mary-Claire King）和A.C.威尔逊（A.C. Wilson）在《科学》期刊上发表一篇论文。他们指出：“目前的多肽序列检测结果表明，平均而言，人类和黑猩猩的基因序列超过99%的部分是相同的。”他们猜想，这意味着，两个物种之间的差异，主要是由于基因活性调节的变化，而不是由于选择造成一系列突变。[19]这个论点很符合德米特里的去稳定选择理论。德米特里曾断言，驯化过程中的显著变化，主要并不是由选择造成的基因突变叠加产生的——虽然他知道突变或多或少会起作用——而是由于现有基因的表达方式改变而产生不同的结果。德米特里的核心观点已经得到证明：基因活动可以开启或关闭，或者发生某种改变，因此相同的基因会表达出不同的性状，比如温顺行为、卷曲的尾巴，以及新的皮毛颜色。

随着研究人员逐渐深入理解基因编码转译出激素等物质的复杂过程，“基因表达”这个术语开始流行起来。再加上测序技术的进步和细胞复杂运行方式的解密，科学家开始明白，基因表达并非一成不变的，细胞不是像计算机那样“读取”基因序列——“代码”可以修改，“生产”可以停止或加大力度。细胞生物学家已经确定，蛋白质、激素、酶，以及其他依据基因编码、由细胞中微小的核糖体结构建构成的化学物质，都可能受到干扰而生成更多或更少的特定产品。基因表达从本质上来说，可以理解为促使基因让细胞产生更多或更少蛋白质、激素、酶等化学物质的过程。基因表达上微小的变化，也可能明显影响动物的生理和生命机能。德米特里认为，基因表达的单个变化或一组变化，也许可以解释为何温顺狐狸的松果体开始分泌出更多褪黑素，又是为何褪黑素并未进入血液系统也似乎对狐狸的生殖行为产生重大影响。

随后的研究表明，基因表达会受到多种因素和多种手段的干扰，其中就包括环境因素。光照调节褪黑素分泌的作用，只是众多案例中的一种。

基因激活的时间也可以修改。例如，小块的“非编码DNA”不能表达出它自己的蛋白质，但可以插手其他基因的表达，让一些基因在发育过程中发挥作用的时间提前或推迟。基因激活的时间发生改变，或许就能解释20世纪70年代以来，越来越多的狐狸身上开始出现的一种生理变化—— 1969年，只出现在一只雄性幼狐头上的白色星状斑纹，陆续开始出现在其后出生的更多狐狸头上。胚胎学的新进展，使研究所的科学家得以弄清星状斑纹出现的原因。在仔细分析构成星状斑纹的毛发后，德米特里和柳德米拉发现，星状斑纹仅由三到五缕白毛组成。随后的系谱分析显示，星状斑纹的遗传模式表明这并不是新的基因突变引起的；如果是基因突变，有星状斑纹的狐狸不可能一下变得这么多。其中另有原因。胚胎学家发现，这种现象与狐狸胚胎发育某个阶段的时间改变有关。

此时，胚胎学家已经有办法去追踪胚胎发育过程中细胞向身体不同部位的迁移。有些细胞移到脊柱顶端成为脑细胞，有的成为肺细胞，还有的成为心脏细胞等。研究所的胚胎学家已经查明，形成星状斑纹的少量毛发变成白色，是因为决定毛发颜色的基因受到迁移指令变成表皮细胞的时机不同。这些细胞通常在胚胎发育的28天到31天内迁移，但在这些头上有星状斑纹的狐狸身上延迟了两天。这就导致细胞发生表达错误，使这些毛发变成了白色。

德米特里和柳德米拉断定，控制细胞迁移时间的，必定是由一种基因生成的化学物质，而该基因的表达似乎受到以温顺为标准的选择带来的去稳定影响。这么一看，随便一个例子就能说明基因功能运行的微妙。

随后的许多研究表明，基因表达极其复杂。调控基因表达的过程也很烦琐，无法预测。所以未来很多年，我们还需要继续探索如何控制这一过程，用于防治疾病和增强身体自愈能力。

德米特里和柳德米拉很快就遭遇了一次打击，体会到这种精密的过程究竟有多复杂。他们决定让一些温顺狐狸在它们1月份正常的交配期之前交配。柳德米拉已经发现，精英狐狸中不只是雌狐，一些雄狐在交配期之前的秋冬季节也出现性活跃状态，为交配做好了准备。这与额外接受光照等人工干预无关。和雌狐一样，雄狐的这种变化源于对温顺性状的持续选择。那年秋天，他们决定把这些狐狸放在一起，看看它们是否会交配，温顺的雌狐又是否会受孕。事实上一些狐狸确实怀孕了，虽然有一些流产，但也有少数顺利生下幼狐。实验又一次取得重大进展。几乎所有家养动物都可以一年交配多次，如果狐狸被驯化，它们是否也能这样呢？答案已经揭晓。

所有人都激动不已，尤其是德米特里。柳德米拉回忆说："幼狐出生之后，德米特里去研究所，在会议室开了一次紧急会议。"德米特里兴高采烈地对员工说："这是大家能感到骄傲的成果！这是大家能尽情炫耀的成果！"

遗憾的是，幼狐能在常规发情期之外出生，不代表它们能健康长大。母狐的奶水不足，哪怕有一些奶水也不愿意给幼崽吃。它们基本上对幼崽不闻不问。柳德米拉团队竭尽全力照顾这些无助的小生命，按照严格的时间表用滴管喂奶。但这远远不够——这批幼狐无一幸存。

正如德米特里多年前就预料到的那样，去稳定选择已经极大地改变狐狸的遗传系统，但是在繁殖周期微妙的循环中，有些要素目前未能保持同步。狗、猫、牛和猪的驯化是在更漫长的进化时间中进行的，它们与人们密切接触，因此一直生活在选择压力下。它们的生殖系统改变了，所以产崽时能分泌更多的乳汁，同时每年产生多次育幼冲动。完全有理由预测，新的选择条件将使生殖系统发生这种新的改变。一旦动物能喂养和保护更多的幼崽，自然选择就会选择这种一年生产多次的能力。饲养员也会选择这种能力。就狐狸而言，对温顺特征的选择促使动物一年不止繁殖一次，但还没有达到让它们一年多次抚育幼崽的地步。原则上，下一步将是培养母狐的泌乳和养育能力。但是，正如柳德米拉所说，生殖系统“不可能一夜之间改变”。

20 世纪 80 年代早期是狐狸实验成果最多的时期，人们开始弄清狐狸身上生物学变化的深层奥秘。但随着这十年的过去，实验将进入极具挑战性的阶段。

1979 年苏联入侵阿富汗，使苏联和西方国家之间的紧张局势再度升级，逆转此前国际关系趋向缓和的局势。美国总统吉米·卡特向与苏联军队作战的阿富汗抵抗组织提供秘密支持，1981 年罗纳德·里根当选总统后，进一步推行对阿富汗的援助。里根也将工作重点放在了增强美国军事实力上。政府执行里根主义，其中包括支持抵抗苏联的运动，削弱苏联在拉丁美洲、非洲和亚洲的影响力，并采取政治和经济措施削弱苏联实力。

这种新的紧张局势，很可能让德米特里一直在大力推进的西方与苏联科学界的交流互动付之东流。曼宁曾接触过德米特里并邀请他参加 1971 年的大会，面对科学界再次出现阻隔的局面，曼宁深感沮丧。“我只是觉得，这太荒谬，”曼宁回忆说，“那时，冷战的紧张程度已经达到顶峰。苏联科学家和西方科学家之间几乎没有任何接触。”[20] 他决定多少要做点什么，于是写信给德米特里说，如果欢迎的话，他想去科技中心看看狐狸。此前他们一直保持通信，曼宁知道，自 1971 年德米特里受邀去苏格兰发表实验结果之后，又取得了许多令人兴奋的进展。

德米特里立即回信说，他随时欢迎曼宁来访。不单如此，只要曼宁一到苏联，研究所将承担他旅行中所有的开销。因此曼宁只需要考虑飞机票。“我给（伦敦）皇家学会写信说，”曼宁回忆，“我认为两国交往是有价值的。他们就批准我出国旅行了。”

曼宁于 1983 年春天到达科技中心。他笑着回忆说：“他们像招待皇室成员一样招待我。那时，没什么西方科学家访问苏联，所以在当时真是一件了不得的事。”德米特里安排了一些正式的晚宴，邀请科技中心研究所的各个领导及其配偶。据曼宁回忆，都是奢华的宴会，“一大盘一大盘好吃的东西。”由于不熟悉俄罗斯的传统，而对五花八门的丰盛菜品，曼宁表示“多少有点尴尬”。第一顿饭时，他都吃饱了才发现主菜刚上。他很吃惊人们在席间抽烟。他对德米特里说：“这在英国是不可能发生的，因为所有人都得举杯向女王致敬后才能抽烟，而且要等晚宴结束时咖啡端上来之后。”德米特里马上宣布：“我想现在该向女王致敬！”曼宁还能说什么呢？他也举起杯子说“为女王干杯！”这个时候，曼宁才意识到自己交了一个多么特别的朋友。当时他想：“这件事情非常有趣，确实是典型的德米特里的作风，他能让所有的事情一笑了之。我很喜欢。”

曼宁也对他所见到的研究所的科研进展印象深刻。那里有一流的研究人员，而且他们对西方科学的了解，比西方科学家对苏联的了解多得多。但他印象最深的还不是他们对科学的了解。他遇到的很多人，似乎都很熟悉西方文化。曼宁回忆：“有一天，我们在船上吃三明治。‘我开玩笑说‘哦，这太英式了！’”德米特里的新闻秘书维克多·科尔帕科夫（Victor Kolpakov）在船上给他们当翻译，他不假思索地对曼宁说：“今天早上市场上没有三明治，先生。拿着钱也买不到。”曼宁彻底倾倒了。他解释说：“那句话出自王尔德《认真的重要性》（*The Importance of Being Ernest*）。”他发现，他遇到的那些人有很多都熟悉西方文学，能轻松地引用格雷厄姆·格林（Graham Greene）、索尔·贝娄（Saul Bellow）或简·奥斯汀（Jane Austen）等作家的语录。“真的相当厉害，让我自惭形秽。”

这更让他对西方和苏联在认知上的巨大鸿沟感到可悲。有一天晚饭后，德米特里和他讨论过这种紧张关系。当时德米特里邀请他去家中的书房，他的私人领地。德米特里抽着烟，两人坐着聊天，谈到西方国家和苏联相互之间仍然存在极大的不信任。德米特里就问："为什么会有这种困难？"曼宁解释说，西方感觉受到来自苏联势力的威胁。德米特里很纳闷，问道："威胁？怎么会是威胁呢？又不可能打起来。"他对曼宁说，"苏联是一个热爱和平的国家"。曼宁想起苏格兰诗人罗伯特·彭斯（Robert Burns）的诗句："哦，希望我们能拥有某种力量——这是天赐的礼物，让我们能知晓他人眼中的自己，让我们摆脱愚蠢的观念，不再疏忽大意。"还有一次，德米特里请曼宁去洗俄罗斯蒸汽浴——类似于桑拿，男人们光着身子坐在一起闲扯。谈到政治，德米特里转过头来对他说："我觉得要是安德罗波夫（Andropov）和里根一起去桑拿房，准是件好事。"曼宁回答："你说得太对了。"他记得自己当时想："他是对的，我们脱了衣服都一个样，其他都不重要。"

曼宁此行最激动人心的部分，是在8月一个炎热的早晨去参观狐狸养殖场。狐狸们没有让人失望。"我记得有一只狐狸很特别，"他回忆说，"它边跑边摇着尾巴向我走来。我用手喂它吃东西，它就摇尾巴。太不可思议啦！"他和许多狐狸一起玩，吃惊地发现"它们真的太像狗了，样子有点像狐狸的狗，就像柯利牧羊犬那样。"[21] 当养殖场里的狐狸为他的青睐而兴奋时，实验室内普什辛卡的后代则是另一回事。德米特里、柳德米拉陪同曼宁过来时，狐狸实验团队成员加莱纳·基塞列夫（Galena Kiselev）就在屋里。她清楚地记得那次来访。狐狸根本没有搭理曼宁。她回忆说，它们“聚集在我周围，试图顺着我的脚踝往上爬，盯着我的眼睛”。德米特里对她说：“喂，加莱纳，你干什么？让它们去找曼宁吧。”但是，加莱纳无能为力。“住在普什辛卡实验房的狐狸讨厌男人，它们喜欢女人，因为照看它们的都是女人。”让曼宁震惊的并不是它们忽略了他，而是它们竟然想得到人类的爱。

参观完实验房，德米特里和柳德米拉带曼宁到养殖场最特别的地方——屋子旁边那条长凳。9年前，柳德米拉就坐在这里，普什辛卡从她脚边跳起来冲进夜幕去保护她。加莱纳陪他们一起坐在长凳上，共同向曼宁分享许多狐狸的故事。

几天后，曼宁准备返回爱丁堡。他没想到德米特里居然会送他去机场。曼宁很清楚，身为苏联一个研究所的领导，根本不必屈尊去机场送客。但德米特里不愿意就这样让他离开，他要亲自最后道一声别。曼宁回忆说：“（机场）登机口有个女人查看登机牌，检查通过才能放行。”德米特里当然没有登机牌，所以他只能送到那里。奥布里继续说：“他非常温和，但坚定地让她先到一边，然后继续和我一起走到停机坪上。”然后，德米特里“拥抱了我，给了我一个俄罗斯式的亲吻。”曼宁惊呆了。“你知道吗，在此之前，我从来没有被一个男人亲吻过，这深深地打动了我。我热泪盈眶。”

他在苏联受到的热情接待，使他回国后的一切遭遇显得令人生厌。曼宁一回到苏格兰，就有英国军情五处的人来询问此行的情况。“我觉得太可怕了。”曼宁说。他不带脏字地让他们滚蛋。他告诉他们，他是一个科学家，不会回答任何愚蠢的问题，比如有关他们认为苏联正在培养的“杀手小麦”（killer wheat）的问题。

等到一切尘埃落定，铁幕两边的科学家们才能恢复自由的思想交流，产生像曼宁和德米特里这样惺惺相惜的情谊。在苏联和西方的关系上，还会出现更多的动荡。

7

语词及其意义

到20世纪80年代中期，有越来越多温顺的狐狸表现出最初出现在普什辛卡身上的那种类似家犬的行为。它们对自己的名字有反应，一听见人叫自己的名字就跑到笼子前。对照组的狐狸则毫无反应。再看看适当允许狐狸们在养殖场自由活动会怎样——极少数可以用绳子牵出来散步，表现很好，更稀罕的几只从笼子里放出来都不必拴绳，就像以前普什辛卡那样，因为它们会一直跟着饲养员。柳德米拉记得有一名饲养员，"你就从来没见过她一个人走路，身后总是跟着一只小狐狸。"

现在有些狐狸已经看起来非常像狗，所以柳德米拉相信，它们在解剖学上也发生了改变，就像狼驯化成狗时解剖学结构的变化一样。特别是最温顺的狐狸鼻头更短更圆，这就让它们显得更可爱，跟它们友善的行为十分相配。它们已经开始接近真正的狗。事实上，一只备受养殖场喜爱的精英母狐可可（Coco），有一天，就被住在养殖场附近的一个青年当成跑丢的狗。可可因此经历了一次历险。

可可之所以讨人喜欢，部分是因为它从出生就发出可爱的咯咯咯咯的声音，听起来像是“可可可可”。柳德米拉深情地回忆：“这名字是它自己起的。”在它出生的头几个星期，养殖场里所有人都非常关心它。因为它又小又弱，看起来活不下去。即使兽医每天给它补充葡萄糖和维生素，还亲手喂它奶，可可还是很虚弱。每天早上饲养员们来到养殖场，第一个问题都是“可可怎么样？”就连研究所的工作人员也每天询问它的状况。

有一名工作人员叫加利娅（Galya），她的丈夫温亚（Venya）是科技中心的电脑技术员，也很热爱动物。加利娅每天晚上回家就会告知可可的进展。他们商量过，如果兽医断定可可没救了，他们想把自己的小公寓当成狐狸的安息之所，让可可在人类的喜爱和关怀下度过最后的时光。柳德米拉同意了。当兽医宣布已经无能为力时，温亚夫妇就到养殖场把可可接回家中。令人惊喜的是，可可一到他们家，反而精神起来，食量开始增大。没过几天，它就变了个样，最后奇迹般地活了下来。柳德米拉并没有把它带回养殖场，她很开心它能和温亚夫妇住在一起，他们已经深深爱上这只小狐狸。同样，可可也对他们——尤其是温亚——产生很深的感情。

温亚实在太喜欢可可，他甚至想带可可去上班。但这不现实。所以每晚回家，他都会带可可到附近的树林里散步，拴着绳子，牵得很牢。可可对皮绳没意见，表现得很好。可有一天晚上，温亚加班到很晚还没回来，于是加利娅带可可出去散步。可可看到树林里远远地有一个人在走路，就挣脱加利娅的皮绳跑过去。不一会儿，加利娅就看不见它了。或许可可以为远处的男人是温亚，发现看错之后就跑掉了。加利娅大声叫唤可可，但它一去不回。加利娅赶紧回家，希望能找到温亚，一起去寻找可可。

随后几天，温亚不断回到树林里找他心爱的小狐狸，疯了似的问附近的人有没有见过可可。最后有人告诉他，他们听说镇上有个青年发现一只长得像狗的狐狸，把它带回家。但当温亚找上门时，可可已经不在那里。随后他们得知，就在可可弄丢的那天晚上，它尖叫着拼命抓门，最后那个男人只能把它放出去。

接着，温亚听到附近操场上玩的孩子们的传言，说可可被一个女人带走，就住在一开始带走可可的那个男青年同一栋楼里。温亚设法打听到那个女人的名字并去了她的公寓，但对方拒绝开门。他恳求她，说可可是一只特殊的狐狸，是科技中心研究所做实验用的。她只把防盗门开了道小缝，淡淡地说："我这儿没有。"但抓了这么一只特别的狐狸，她显然忐忑不已，当晚就放可可走了。可可还得继续流浪。

这时温亚又得到消息：操场上玩耍的孩子们看到可可和一个十几岁的男孩在一起，这男孩是个小混混。孩子们不知道他叫什么，也不知道他住在哪里，只说他大概 12 岁。在柳德米拉的帮助下，温亚约见了一所中学的校长。他们向校长解释可可的情况。校长随即通知各班的老师告知学生：可可是一只很特殊的狐狸，如果有人能提供寻找它的线索，一定要说出来。努力没有白费。很快，那个男孩的名字就查明了。温亚和柳德米拉冲进他家时，正赶上男孩的母亲给可可注射镇静剂。显然，她准备杀死可可，剥下它美丽的皮毛。温亚将可可从那个女人手里抢过来，抱着它软弱无力的身子跑到街上。可可呼吸到新鲜空气后，慢慢恢复了意识。

可可在温亚夫妇家里快乐地生活了六个月，但当交配季到来时，它变得躁动不安。它开始抓家里的门，吵得温亚和加利娅整晚睡不着觉。显然它是想找个伴，所以他们和柳德米拉商量了一下，计划先带它回养殖场交配，之后让它搬到普什辛卡之家去住。为了顺利过渡到新环境，可可首先被安置在普什辛卡之家有人住的那半边屋子里，等它适应了再让它去和其他狐狸一起生活。

可可在普什辛卡之家住了好几年。温亚每周末都来看它，偶尔在屋子里的沙发上一起睡一晚。他们还经常一起散步。几年后，可可的健康状况开始恶化，温亚和加利娅又把它带回家，让它在他们的关爱下度过生命中最后的日子。柳德米拉还记得，可可“很平静，在最后阶段非常满足和幸福”。可可最大的快乐，是和温亚一起坐在椅子上看窗外的风景。有一次它从椅子上跳下来时摔断右前爪，不久后长出骨肉瘤。温亚悉心照顾它，但他知道，这个病预示着它要离开了。没过多久，可可心脏病发作去世，当时温亚和加利娅都陪在它身边。像千百万年前我们的祖先所做的那样，他们把可可埋在树林里一座小山上，那里曾是可可最喜欢和温亚一起去散步的地方。

时至今日，温亚仍会定期去扫墓。

考虑到狐狸成年后独居的自然倾向，德米特里和柳德米拉能在如此短暂的时间内让它们变成可爱的宠物，成果相当显著。狐狸和狼是有区别的。狼是群居动物，这可能就是狼比其他动物最早被驯化的主要原因。我们常管狼叫“独狼”，但野生狐狸比狼更“独”。从狗的驯化到其他几种动物（猫、绵羊、猪、牛、山羊等）的驯化，中间隔了几千年，这表明，狗的祖先，也就是狼，身上有一些特质，让它们特别适合与人群一起生活。一种说法是，主要原因在于狼是一种社会性很强的动物。

第一批躺在人类祖先的火堆旁、分享人类食物的狼，不仅比其他的狼更温顺，而且已经有高度进化的社会技能。灰狼集群生活，内部等级分明，群体成员通常有 7—10 只（最多可以达到 20—30 只），包括一只头狼及其配偶。家庭单位在狼群中占据核心地位，它们占据大片领地，用复杂的发声来与彼此和临近的其他狼群交流。狼群内部成员之间的联系非常紧密，我们可以看到它们会合作狩猎，群体中其他的母狼也会帮助哺育幼崽。[1] 珍·古道尔曾声称：“狼依靠团队合作求得生存。它们一起打猎、搭窝、抚养幼崽……这种古老的社会秩序，在狗的驯化过程中起到了帮助。如果你观察同一个群体里的狼，你发现它们会蹭鼻子、摇尾巴、互相舔毛，还会保护幼崽，所有的特征正好是我们喜欢狗的地方，包括忠诚。”[2] 狼相互合作的经验，显然也让它们具备了与我们人类合作的能力。

德米特里认为，不同寻常的“亲社会”技能，可能在另一个物种，也就是智人（*Homo sapiens*）的进化中发挥了关键作用。虽然许多动物，例如草原犬鼠（prairie dogs）、鹦鹉和 E. O. 威尔逊在《昆虫的社会》（*The Insect Societies*）中生动描述的切叶蚁，都生活在联系紧密的社会群体中，并密切关照彼此的利益，但人类无疑与众不同——要是将社会规范、文化习俗和交流形式纳入社会性的定义，人类堪称地球上社会性最强的物种。社会技能增强、社会联系加深，是人类由灵长类祖先进化而来的核心特征。这促进我们首先顺利过渡到以家庭为基础的狩猎采集群体的生活方式，随后进入更复杂的社会环境——群体规模更大，家庭内部关系更复杂。德米特里认为，他的去稳定选择理论能够充分阐释这种转变。

20 世纪 80 年代中期，德米特里关于以温顺为目标进行选择促成驯化的许多猜想都得到了证实，这让他有信心将理论向前推进一大步。他认为现在是时候向全世界宣布去稳定选择和驯化应用于人类的全新理念了。1978 年的国际遗传学大会上，他已经在演讲结束时暗示，去稳定选择理论或许也可以为类人猿进化成人的过程提供参考。现在，他决定在 1983 年即将于印度召开的下一届国际遗传学大会上，以此作为主题演讲的内容，进一步展开这个话题。

随着 20 世纪 60、70 年代涌现出一系列有关人类进化的惊人发现，德米特里提出了人类社会性形成的理论；他由狐狸实验联想到，人类本质上完成了自我驯化，而这一切都是从选择温顺开始的。虽然他的理论主要是基于猜想，但在我们能够通过人类祖先刻在石头上的故事与他们对话之前，要想理解史前时代人们的社会生活，就不可避免——至少一开始，只能靠猜想。

我们可能永远无法确切地知道，人类从什么时候开始互相交谈，以及什么时候开始反思自我——这被视为人类意识独特性的标志之一。我们无法知道，他们晚上围着火堆究竟讲了什么故事，唱了什么歌。但我们知道，有许多社会仪式将他们维系在一起。他们投入大量的精力和时间创作艺术作品，制作珠宝、雕像和引人遐想的绘画。例如，世界各地许多地方的洞穴墙壁上，都发现了用赭石颜料描出来的图像。比如在西班牙北部埃尔卡斯蒂略（El Castillo）洞穴，有一些迄今为止最古老的图像，距今约 4 万年。我们的祖先也花了相当长的时间制作乐器，比如用动物骨骼雕刻长笛，其中最古老的也可以追溯到约 4 万年前。他们用日常生活中重要的物品（如石头和动物骨骼磨成的工具）为亲人陪葬，就像 8000 年前生活在贝加尔湖畔的人们对待他们的狗那样。

在德米特里准备发表他的理论时，人们才刚刚开始逐渐接受一些有关其他古人类进化的观点——有些古人类甚至曾与智人生活在一起。早在 19 世纪初期，我们就已经发现尼安德特人的化石。然而这个时期突然涌现的大量发现，描绘出原始人类家族更复杂的图景。德米特里孜孜不倦地阅读相关论文，他认为，关于智人增强社会联系、完成自我驯化的理论，或许可以解释为什么我们是古人类中留存下来的唯一一支。

此时，利基夫妇已经发现了几种最重要的古人类。在坦桑尼亚的奥杜瓦伊峡谷，他们发掘了大量头部和身体的骨骼，还有类似工具的东西，由此揭示了原始人类惊人的多样性。其实，他们第一个重大发现，是玛丽在1959年发现的一具明显由大型灵长类进化而来的物种头骨。[3]但其形状与现在人类的头骨太不一样。因此他们断定，这具头骨的主人不可能是我们的直接祖先。它有一块巨大的颚骨，以及一个沿着头骨顶部从前往后延伸的尖嵴，也就是矢状嵴（sagittal crest）。更早之前，差不多是在20世纪20年代，研究人员就已经在南非发现具有相同特征的头骨。当时的结论是：头骨长成这种形状，是为了支撑和固定一直延伸到颚骨的巨大肌肉，矢状嵴与肌肉相连。这种生物的咬合力应该非常强大，这就是为什么利基夫妇给它起了个绰号叫“胡桃钳人”（Nutcracker Man），学名则定为“鲍氏东非人”（*Zinjanthropus boisei*）[*]。这一发现不仅几乎成为全世界的头版新闻，使利基夫妇一举成名，在人类进化专家中也引起巨大的轰动。

当时，“人类祖先源于非洲”的观点还没有被广泛接受。达尔文和他同时代的科学家赫胥黎也只是猜测，我们的祖先很可能起源于非洲，因为与我们关系最近的现代灵长类动物，只在非洲出现过。但是，继1829年古生物学家在比利时发现尼安德特人化石之后，在欧洲其他地方也有发现。这个物种得名于

---

* 后被认定是南方古猿的一个种，改称南方古猿鲍氏种（*Australopithecus boisei*）。

德国的尼安德特河谷（“Neanderthal”中的“thal”，在德语中意思是“河谷”），1856年那里出土了一个尼安德特人的头骨。1891年，另一种类似原始人类的头骨在印度尼西亚出土，因当时此地名叫爪哇而得名“爪哇人”。

20世纪20年代，在北京周边的一个洞穴出土了另一种古人类的头骨，当时称为“北京人”。后来科学家认为这个物种是直立行走的，所以命名为直立人（*Homo erectus*）。遗址中还发现大量的动物骨骼，其中一些有烧焦的痕迹，应该是源于烹饪。由于在不同的地点发现了不同种原始人类的遗骸，一些学者认为，人类是在不同的地点分别进化的。[4]

20世纪60年代，利基夫妇又发现了一副更类似现代人类的颚骨以及其他头骨碎片和手骨。他们觉得，在奥杜瓦伊峡谷发现的头骨碎片表明，这个物种有一个非常大的大脑，而手骨形状也表明它也有很好的握力。他们从周围发现的一些石制工具推断，这一时期的古人类已经能打磨工具，因此将这个物种命名为“能人”（*Homo habilis*）。拉丁语“*habilis*”是“抓手”的意思，所以能人又称“巧人”（handy man）。利基等研究人员提出，这个人种和鲍氏东非人共存，也就驳斥了人类沿单一路线进化的观点。当时也有人类学家强烈反对这种说法，但越来越多的出土化石证明，利基夫妇是正确的。

关于从类猿物种到类人物种的转变，一个悬而未决的问题是人类祖先何时开始直立行走。在这个问题上，利基夫妇做出重大发现。首先是能人的脚骨化石，表明这个人种能直立行走。

但最令人震惊的证据，出土于奥杜瓦伊附近一个叫雷托里的遗址。这个遗址，是1972年路易斯去世几年后玛丽才开始挖掘的。1976年，玛丽在这里发现一连串石化的动物脚印，这些脚印被火山灰意外地保存了下来。一天，她的同事保罗·阿贝尔（Paul Abell）在研究这些脚印时，注意到有一个脚印非常像人的足迹。进一步的挖掘又发现大约70个这样的脚印，看起来就像人在沙滩上留下的一串足迹。

这也许是迄今为止能最生动地反映过去场景的古人类学成果。仔细分析发现，这些脚印由三种不同的生物留下，他们的脚趾、脚跟和足弓与现代人类的脚非常相似。基本可以确定，这些脚印是在大约360万年前留下的，也就是说那时就有直立行走的生物。

因为没有发现脚印主人的骨骼化石，所以无法确定他们到底是哪个物种。但证据表明，他们很可能是现在所知的南方古猿阿法种（*Australopithecus afarensis*），其中最著名的就是露西（Lucy）。在发现雷托里脚印的前几年，古人类学家唐纳德·约翰森（Donald Johanson）在埃塞俄比亚哈达尔村（Hadar）附近的遗迹内，发现一块突出于地面之上的骨头，很显然是肘骨。他和团队最后还发现一具头骨和部分骨骼化石，还原成一个女性猿人。他们称之“露西”，因为当晚为庆祝这一发现而举办的派对上，旁边的音响一直在播放着披头士乐队的歌曲《露西在缀满钻石的天空中》（Lucy in the Sky with Diamonds）。

露西身高不足1.2米。根据头骨的大小推测，她的大脑可能很小。但是骨骼也清楚地证明她是直立行走的。这一发现的惊人之处有两点：一是遗骸的历史久远，粗略估计在360万年前，[5]这比古生物学家所认为的人类祖先开始直立行走的时间要早得多；另一个原因是，人类学家原本认为，直立行走是在原始人类的大脑进化完成之后才出现的。一些古生物学家称，从露西肩胛骨的大小和形状来看，她部分时间可能在树枝间荡来荡去。露西是从已经发现的更类似猿的原始人类到与我们关系更近的人类祖先之间显著的过渡。露西的骨骼与雷托里脚印化石的年代近似。唐纳德·约翰森团队比较了露西的脚与这些脚印的大小和形状，发现有些数据非常接近。

对露西及其同类骨骼的研究表明，南方古猿阿法种的儿童比现代儿童成长快得多。因此，古人类向现代人类的进化，很可能与成熟期延迟有关，就像温顺的狐狸很多幼态特征保留的时间更长一样。

德米特里认为这些证据表明，人类的进化很大程度上是去稳定选择过程促成的。1981年，他发表论文提出这一理论，并在1984年第十五届国际遗传学大会上发表主题演讲——作为前一届大会的组织者受到特邀——对理论做了更详细的阐述。[6]

在德米特里看来，当人类祖先承受新的压力时，他们的身体和大脑会随之进化。因为它们逐渐变得更社会化，生活在更大的群体中，需要时刻协调以进行全面的社会交流。这些复杂而快速的变化，主要不是自然选择在单个基因突变的基础上产生的微小改变累积而成的。突变当然也起到作用，但是他认为，如果依靠突变，整个过程所需的时间，将比从最早的原始人类南方古猿转变为现代人类的400万年还长。他在论文中写道："考虑到进化过程中形成了由多个基因决定的复杂的解剖和生理结构，比如身体在空间中的运动和定位系统，手的功能，颅骨、喉、声带和舌头的结构，情况就尤其明显了。"有了金和A.C.威尔逊对人类与黑猩猩基因组的分析作为理论支撑，德米特里更倾向于认为，去稳定选择一定起到了作用，其方式就是显著改变基因的表达。在主题演讲中，他认为身体和行为上的大量变化"与其说与结构有关，不如说是由于基因组的调控"。而这些调控因素主要涉及基因表达模式。

德米特里认为首要变化是南方古猿向两足动物的过渡，也就是开始直立。他推断，这不仅涉及整个运动系统，包括骨骼结构和肌肉性能的转变，还关系到大脑重要的新功能的出现，特别是那些与保持直立有关的功能。接着，掌握直立行走这一技能后，又促成了两种新的能力：一是看得更远更宽阔，二是前肢解放出来，渐渐进化成手。这对进一步的改变至关重要。自然选择明显极为青睐这些变化，因为动物能从中获得许多生存优势。德米特里指出，这些新的能力对大脑的进一步发育产生巨大的影响，因为当时认为出现在约130万年前的直立人，[7] 大脑比南方古猿的大得多，[8] 几乎和现在智人的大脑一样大。与脑容量的激增相应，身体其他部分也发生显著改变，例如喉头增大，舌头位置移动，这些器官都与感觉功能和语言有关，此外前肢运动技能增强。随着认知能力增强，灵活的前肢有助于人们开始制造工具，这至关重要。大脑和身体的相互作用是德米特里阐述的核心。他在文章中写道："如果说是身体创造了大脑，个体思维也由此产生，那么接下来大脑又会受到身体功能的明显影响。"而这种反馈循环促使变化的速度加快。他急于指出一点：南方古猿是在几百万年间进化出来的，而智人进化成现代人类，用了不到20万年的时间。

德米特里知道，很多人认为他在去稳定选择理论及其对人类进化史的阐释上已经走得足够远，但他觉得还不够。作为一名科学家，他从不逃避自己的责任，他认为足够重要的问题，哪怕观念上有点超前，也值得研究；时间会给出答案。德米特里进一步指出，他所提到的那些新的能力结合起来，就促成了一种高度社会化的生活方式。这些早期的人类融合到更大的社会群体中，并形成包括宗教活动在内的许多仪式，制作日益复杂的艺术品——例如法国拉斯科（Lascaux）和肖维华丽的洞穴壁画，缝制衣物，发展出更复杂的语言。德米特里在主题演讲中说："人类自身创造的社会环境，对他来说已经成为一个崭新的生态环境。在这种条件下，自然选择势必要求个人具备一些新的特性：服从社会的要求和传统，也就是说，在社会行为上需要自我约束。"这些"新特性"打破系统的稳定性，选择那些明显的行为变化。德米特里认为，这很可能源于基因表达的变化。由此，他在驯化过程与自我驯化之间建立了关键的联系。

有些人能够更好地应对新的压力，保持冷静、镇定，而不是冲动行事，这时就有选择优势。德米特里思索："'语词'及其意义，对人类来说，是相当强烈的压力因素，比尼安德特人受棍击还沉重。"[9]他认为，自然选择青睐社群中更温和、头脑更冷静的成员，其结果与人工选择更温顺的狐狸效果一样。正如其他驯化的物种一样，选择压力促使分泌的应激激素水平降低，从各方面延长我们的幼年期，也就是成长中更无忧无虑、更温顺的阶段。我们也像其他驯化的物种一样，全年任何时候都可以生育。本质上，我们是被驯化的灵长类动物，不过是自我驯化的。德米特里认为，人类自己加快了这个过程，因为我们更喜欢选择温顺的同伴作为伴侣。[10]

灵长类动物学家理查德·兰厄姆（Richard Wrangham）近期写了一篇关于倭黑猩猩（*Pan paniscus*）如何进行这种自我驯化的文章。倭黑猩猩是另一种灵长类动物，也是进化史上与人类关系最近的动物。2012年，兰厄姆与他以前带的博士生、动物认知专家布莱恩·黑尔（Brian Hare）合作发表了一篇论文《自我驯化假说：选择不具攻击性的个体造成的倭黑猩猩心理进化》（The Self-Domestication Hypothesis: Evolution of Bonobo Psychology Is Due to Selection against Aggression）。[11]

倭黑猩猩过着平静甚至可说愉快的生活。它们也过着偶尔集群偶尔分散的生活。它们完全是母系社会的结构，雌性之间形成联盟。哪怕雄性倭黑猩猩在其中有些地位，也主要是由群体中雌性授予的。倭黑猩猩整天都在玩。它们自愿分享食物，即便对外来者也是如此。它们的性行为很随意，但大多数并不是雄性和雌性之间的交配。雌性之间的同性性行为相当普遍，幼年个体和老年个体之间的异性性行为也不稀奇，包括亲吻、口交和摩擦同性或异性同伴的生殖器。灵长类动物学家弗兰斯·德·瓦尔（Frans de Waal）打趣道："倭黑猩猩表现得就好像读过印度的《爱经》，会采用你能想象到的各种体位和花式。"[12]性是让倭黑猩猩群体团结在一起的黏合剂，既可以是问候，也可以是玩耍的形式，还能解决冲突。在这方面，倭黑猩猩与它们的近亲黑猩猩明显不同。

黑猩猩社群是雄性主导的，雄性靠暴力统治雌性，为提升地位，雄性间会不断争斗，性行为则只与繁殖有关。雄性黑猩猩经常结盟，但与倭黑猩猩中的雌性联盟不同，雄性黑猩猩联盟会袭击和恶意攻击其他群体中的黑猩猩。而在不同的倭黑猩猩群体之间，尽管有时会剑拔弩张，但大多数情况下都是和平相处，有时甚至还有交配行为。

两个基因上如此相近的物种，是如何沿着不同的社会轨迹进化的？兰厄姆和黑尔决心一探究竟。

将黑猩猩和倭黑猩猩的基因组绘制到进化树上，进行分子遗传学比较，可以看到，它们拥有共同的祖先，在约 200 万年前开始沿不同的道路进化。非洲的刚果河大致也是在这一时期形成的。这条河把它们的共同祖先分为两个群体，后来进化成倭黑猩猩的种群生活在刚果河以南的一小块地区，进化成黑猩猩的种群则生活在河流以北、横跨西非和中非的一大片地区。[13]兰厄姆和黑尔认为，倭黑猩猩就像是抽到上上签，因为当时它们所在的地方物产丰富，食物充足。更重要的是，很少有竞争者来同它们抢食。它们生活的地方没有大猩猩，因此，与黑猩猩不同，它们不需要与个头更大的灵长类近亲争夺食物。

在这片相对富饶的栖息地上，没有抢食的压力，玩耍、合作和彼此宽容更有益处。闲下来就玩耍，游戏时间结束就合作觅食和建造住所，结交新朋友和性伴侣，远胜于斤斤计较、凶神恶煞。这种对温顺的选择导致它们身体和行为发生变化，与狐狸身上发生的变化惊人地相似。

与黑猩猩相比，倭黑猩猩具有更多幼年期骨骼特征，应激激素分泌的水平更低，脑部化学物质也有变化。像温顺的狐狸一样，倭黑猩猩依赖母亲生活的生长发育期也较长，毛色变化更多（有白色的绒毛和粉红色的嘴唇），并且头骨更小，而主导同理心的脑灰质也比黑猩猩多。[14] 兰厄姆和黑尔进一步指出，随着时间推移，雌性倭黑猩猩可能会选择最温和无害、最友好的异性作为配偶。它们完成自我驯化的过程，可能与德米特里论述的人类自我驯化过程相似，但细节无疑大不一样。[15] 就像两位科学家所指出的，关于倭黑猩猩是否确实经过自我驯化过程，未来的研究将关注三个方向：一是基因表达和攻击行为的作用；二是神经生物学和激素差异如何影响攻击性和驯服性；三是在黑猩猩和倭黑猩猩身上行为和形态密切相关的具体原因。

多年来，德米特里一直在考虑设计一个间接的实验，来验证他提出的人类自我驯化假说。他想以温顺为标准来对一种灵长类动物进行选择，看看它们是否会被驯化。如果不是因为非常担心伦理问题，只要有大量的时间和研究资金，他觉得就有可能在黑猩猩身上进行类似于狐狸实验的研究。黑猩猩和人类有着共同的祖先，就像狐狸和狗一样。如果像狐狸实验中那样，在每一代黑猩猩中选择最温顺的个体进行交配，会驯化到何种程度？作为杰出的遗传学家和进化生物学家，他知道人类不是从黑猩猩进化而来的——只是有共同的祖先——所以他明白，驯化黑猩猩无法重现人类自身的进化过程。他只是觉得，这可能会启发我们去思考自我驯化在人类进化史中的作用。

德米特里知道，做这样的实验不太现实，他也从未采取具体措施去验证这种可能性。但他确实与朋友和家人讨论过这个想法。做老鼠驯化实验的帕维尔记得，德米特里在一次会议上提出驯化黑猩猩的想法。“我们很少对德米特里说的话感到惊讶，”帕维尔说，“但这一次我们都吓呆了，”讨论了一小会儿，帕维尔说：“德米特里，你明白这是要做什么吗？难道我们自己的问题还不够多？真的需要用别的物种来对照自己吗？”德米特里顿了一下，告诉他：“你说得对，确实是这样。但实验本身很有趣，不是吗？”[16]

德米特里的儿子尼古拉回忆起另一件事。当时，另一位同事也对这个想法感到震惊，觉得“这至少需要 200 年，所以我们等不到结果。退一万步讲，哪怕你是对的，伦理问题怎么解决？”德米特里受不了这种目光短浅的想法，他答道：“你也就能看到眼皮子底下这点东西。确实，我们可能看不到结果，但会有人看到的。”[17]此前他也没有料想过狐狸实验能如此迅速地得出结果，所以谁又能说黑猩猩身上出现驯化特征会用多久呢？这个问题，德米特里可能无法等到答案了。

1985年初冬，德米特里因严重的肺炎住院治疗。[18]他被安置在重症监护室。一开始，他非常虚弱，医生甚至不让他的妻子进去探望。只有德米特里的小儿子米沙（Misha）能进去看看，他本人也是医生。虽然康复得非常慢，但是情况有所好转。这时候他表达了一个愿望：希望身体情况能允许他去参加纪念第二次世界大战战胜德国40周年的庆典。德米特里和所有苏联人一样，把这场战争称为伟大的卫国战争。他以前从未错过一次胜利日的庆典，1985年5月9日的这一次，他也不想错过。

胜利日当天，德米特里打起精神，沿着陡峭的楼梯，走到正在举行庆典的大厅。当他走进房间时，他的朋友们和以前的同事们都站起来为他鼓掌——大家都知道他的病很严重。[19]这是他最后几次真正快乐的时刻之一。

由于症状并未消除，医生建议他去莫斯科接受专业治疗。在那里，他被诊断为晚期肺癌。习惯性抽烟最终让他付出代价。主治医生想让他马上返回新西伯利亚，这样他至少能和亲人们多待一段时间。作为苏联科学院的院士，德米特里有资格乘坐军用专机，军方已经安排好了。但当他得知专机飞行成本不少时，就果断地拒绝了。他觉得，任何人都不应该拥有这种特权。坐普通班机回去就够了。

有两个月他还能正常跟人交流，但是只能卧床，无法继续工作。这让他非常难受。他对一名医生说："我需要工作，但每个人都在担心我，限制我，让我吃一堆药片。"[20] 医生同意他待在家里，靠吸氧维持肺部功能，研究所里交好的同事可以围着他说说话。

临终前，德米特里举行了最后一次记者见面会。借此机会，他同大家分享了自己对未来的看法。"几十年内，"他告诉记者，"人类将会彻底将地球研究清楚……开发近地空间……在失重环境下长期工作，在地球外围空间、地球轨道上创造封闭的生态系统。人类活动的各个方面都将通过自动化得到极大的改善。我们将看到第五代甚至第六代计算机。这些机器可以对话、思考和自我革新。个人电脑、机器人和通信系统将得到广泛应用。"这些是他确信的事情。"但人类会变成什么样呢？"他补充道，"我不知道。"

当记者接着问他对 21 世纪的人类有何期待时，他回答："要善良，对社会有责任感，为所有人达成共识而努力，和谐共生，对我们'幼小的兄弟'——地球上所有的生物——担负起全面、真挚的责任。我们永远不要忘了，人类只是自然的一部分，在我们研究自然规律，用这些知识来为人类自身服务的同时，应该与自然和谐相处。"[21] 这正是他所做的。

1985 年 11 月 14 日，德米特里·别利亚耶夫在挚爱亲朋的陪伴下离开人世。他走得很安详，因为他知道自己生前的工作还会继续进行。研究所的副所长弗拉基米尔·舒姆尼（Vladimir Shumny）是他培养的接班人，德米特里相信他能顺利接手。当然，他也知道柳德米拉和狐狸养殖团队会继续进行驯化实验，并且相信他们会有许多精彩的新发现。

事实上，他还有一个遗憾。“他想写一本书，”柳德米拉说，“他最大的愿望是写一本关于驯化的书。这本书应该会很受欢迎。他想通过一些故事，告诉大众，驯化背后的基础是哪些过程，为什么我们让这些动物生活在我们身边，它们为什么是现在这个样子。”德米特里曾多次向柳德米拉等人谈到他想写这么一本书，而当他得知普什辛卡的一件逸事时，想法变得尤为坚定——多年前，柳德米拉曾绘声绘色地向德米特里描述，普什辛卡是怎样刚产完崽就把幼崽叼到她身边，放在她脚下。“当我把这个美妙的故事讲给德米特里听时，”她说，“他很惊讶，很困惑，也很好奇。他说我们应该写一本科普书，让大家了解驯化动物，了解它们的行为为何（以及如何）不同于它们野外的祖先。”他甚至想好了书名：《人类在制造一个新朋友》（*Man Is Making a New Friend*）。

德米特里葬礼那天下着雨夹雪。回忆当时的情景，德米特里的家人、朋友和同事们百感交集。所有人都觉得，这场葬礼和其他相关的仪式所引起的关注，是德米特里这样一个有声望的人所应得的。参加葬礼的人非常多：有科学家、研究所和科学城其他研究所的同事们、家人、朋友，以及从前参加卫国战争的战友。甚至还有从莫斯科远道而来的政界和科学界名流。很多人此前从未见过德米特里，却占据了讲台，发表重要人物擅长的那种歌功颂德的悼词。

尽管所有的发言都庄严肃穆，但这种充满官僚主义和表演性质的葬礼，没有留出让亲朋好友表达哀思的时间：他们根本没时间站起来以个人名义表示哀悼。他们至今还记得那种心痛、气愤和失望。“我特别想站出来说几句，”柳德米拉说，但礼仪不允许。她和别人一起站在那儿观看。但当流程接近尾声时，发生一件事，让所有人精神为之一振。一个女人走近柳德米拉和她身边的那些人，哭着说：“你们不知道今天告别的这个人是谁。”柳德米拉和大家大吃一惊。“你说什么？我们不认识他？”柳德米拉说，“我们认识他20多年了！”那个女人回答：“你可能认识他20年了，但是你不知道他是个什么样的人。”她讲了一个让大家都难以忘怀的故事。

这位女士是一名银行出纳。早些年，她的腿疼得厉害。有一天，德米特里来银行办事，无意中听到她和同事对话。她跟同事诉说腿疼，再这样天天疼下去，没准工作都保不住。到那时候她和家人该怎么办？同事劝她赶紧去看医生。她说：“我去看过所有的医生，但是没什么用。我也想住院，但他们说床位不够。我不知道该怎么办——谁都没办法。”德米特里听在耳里，办完事就走了。两天后，这位女士上班时接到一个电话。电话那头告诉她，医院腾出来一间房，让她尽快去住院。她很吃惊：“不可能吧，之前好多次人家都告诉我没有床位。”打电话的人说，之前可能是没了，但是德米特里·别利亚耶夫院士联系了他们，让他们改善这种状况。这名女子去医院接受了一系列治疗。手术很成功，她很快就回到工作岗位，再也不受腿疼困扰。德米特里直到逝世，都从未对任何人提起这件事。他就是这样一个人。

8

求救讯号

1985 年，也就是德米特里去世那年，苏联迎来一段大动乱时期。苏联自上而下的模式渐渐日薄西山。当戈尔巴乔夫在当年 3 月成为苏共中央总书记时，他开始实施“公开透明”（glasnost）和“经济改革”（perestroika）的政策，旨在使苏联政府工作更透明、经济发展更高效。然而事与愿违，该政策使得国内形势发生动荡。戈尔巴乔夫建立的经济改革政策，造成包括石油、面包和黄油在内的大量物资短缺，政府只能实行严格定量配给。苏联人民要排长队购买最基本的生活用品。

经济动荡暂时还没波及细胞学和遗传学研究所的科研工作，柳德米拉仍能在狐狸养殖场安心工作。新所长弗拉基米尔同样看重狐狸实验，尽可能保证实验经费充足。那时，柳德米拉开始全面负责这项实验。她非常怀念德米特里，每天她到办公室分析新数据，或是去查看新一代幼崽时，都会想起德米特里——他一定会很喜欢去看那些小狐狸。为了让养殖场的实验团队秉承他的科学探索精神，她努力工作，开始了几项重要的新研究。

20世纪80年代，每年新生的小狐狸中，具有大部分或全部精英特质的个体数量急速增加，到1985年前后，养殖场大约700只狐狸中，70%到80%都是精英品种。它们的外表和行为也出现更明显的变化。不仅越来越多狐狸的尾巴卷曲起来，它们的尾巴也变得更为蓬松。当人们走近时，许多狐狸还开始发出奇怪的声音，类似于尖声“哈嚯嚯嚯”地叫。柳德米拉觉得听起来像是在笑，所以将这种声音称为“哈哈”声。她现在也确信，狐狸的解剖结构正在发生变化。这一时期，许多新出生的狐狸鼻吻都无疑变得更短、更圆，它们的头似乎也变小了一些。这些解剖学上的变化已经足够显著，柳德米拉决定让研究小组进行定量分析，比较温顺组狐狸与对照组狐狸的鼻吻和头部。

柳德米拉从文献中了解到解剖学研究领域最新的技术，理想状态下，他们应该对狐狸头部进行X光扫描，再据此测算。遗憾的是，她没法弄到X光机。虽然眼下她的实验经费并未被消减，但是她也挪不出资金来购买那么贵的机器。所以她和同事们必须采用以前的老法子，直接对狐狸进行测量。这项工作艰巨而耗时，又得要工人们出手帮忙按住狐狸，这样柳德米拉和研究团队才能测量狐狸头骨的高度和宽度、鼻吻的宽度和形状。功夫不负苦心人。他们发现，温顺的狐狸相比对照组，头骨明显更小，而鼻子的区别更为显著，确实比对照组要圆得多、短得多。同样的变化也出现在狼进化成狗的过程中——成年狗的头骨比成年狼的小，口鼻更宽、更圆。[1]这些解剖学上的变化，是狗和温顺的狐狸在成年时保留更多幼年特征的另一种方式。当柳德米拉将数据汇总起来，看到这些明显的差异时，她想：德米特里在天有灵一定会很欣慰。这些变化为驯化增加了更多内容；那些最温顺的狐狸现在正呈现出如此多驯化物种身上可见的转变形态。

柳德米拉发起的另一项研究是更深入了解温顺的狐狸应激激素分泌水平的变化。这次，她和同事伊琳娜·普柳斯尼纳（Irena Plyusnina）、伊琳娜·奥斯基纳，不再像以前那样仅仅测量狐狸体内的激素水平，而是通过实验手段调控激素水平，观察是否引起行为变化。之前他们已经知道，与对照组相比，温顺的狐狸在长到45天左右的关键点之后应激激素分泌水平显著降低，而野生狐狸在这一时期分泌的应激激素激增。随后她们还发现，凶猛狐狸分泌的应激激素水平峰值明显高于对照组。现在，为了确切证明狐狸的行为差异主要是由于应激激素分泌水平的不同，柳德米拉决定进行一项新研究，看看如果降低凶猛狐狸体内的应激激素含量，它们是否会表现得更温顺。有一种叫米托坦的化学物质，可以抑制某些应激激素分泌，[2]现在可以通过实验手段，给凶猛的狐狸喂食装有米托坦的胶囊，就能大幅减少其体内激素的分泌。柳德米拉选择了一些父母比较凶猛的幼狐，伊琳娜则在它们将近45天大时喂它们胶囊。另一组同样拥有凶猛父母的幼狐作为对照组，给它们投喂的是装着油的胶囊。结果非常显著：服用米托坦的幼狐的确不会分泌大量的应激激素，表现更像温顺的幼狐；那些服用油的幼崽则发育成正常的、凶猛的成年狐狸。[3]

柳德米拉随后决定对血清素做类似的实验，此前她已经发现温顺的狐狸血清素分泌水平要高许多。[4]这一次，她将从幼狐 45 天大的时候开始，增大血清素含量水平。凶猛父母所生的幼狐被分为三组：实验组注射血清素，一个对照组不注射，另一个对照组注射生理盐水。结果再次一目了然：两个对照组的幼狐都发育成凶猛的成年狐狸，而注射了血清素的幼狐则不然，它们表现得更像温顺的狐狸。[5]

回到 1967 年 5 月的那一天，当德米特里把柳德米拉叫到办公室讨论他的新想法时，激素水平的变化就是去稳定选择理论的核心。这项关于应激激素和血清素的实证研究，与之完美吻合。

到 20 世纪 80 年代后期，狐狸驯化实验已经进行了将近 30 年，也成为动物行为领域延续时间最长的实验之一。然而突然间，实验似乎要遽然以遗憾收场。苏联经济动荡加剧，联邦开始崩溃。狐狸养殖场的前景越来越灰暗，以至于柳德米拉和团队被迫想尽一切办法来保住狐狸的性命。

1987 年，波罗的海共和国拉脱维亚和爱沙尼亚爆发抗议活动，之后反对之声逐渐蔓延到整个苏联。1989 年，波兰的团结工会运动迫使苏联政府允许自由选举，同年 11 月 9 日，随着大批民主抗议者在东柏林游行，柏林墙的警卫倒戈，成群狂欢者爬上墙顶欢呼。1990 年 10 月 3 日，东德和西德正式统一。1991 年 12 月初，苏联最高苏维埃宣布废除当初正式建立联邦的条约。

截至 12 月 21 日，苏联 15 个共和国中有 14 个退出联邦，其中的 11 个共和国联合起来，建立了独立国家联合体。12 月 25 日，戈尔巴乔夫下台，苏联国旗最后一次在克里姆林宫上空飘扬。

苏联从上至下的掌管和控制曾渗透进民众生活的角角落落，此时则陷入混乱。各机构和组织的经费，要么停发，要么大幅削减。新西伯利亚科技中心每个研究所的预算都减少了。大多数实验室还有一些设备和材料储备，至少可以做些研究。但狐狸养殖场的危机迫在眉睫——柳德米拉几乎没钱给工人发工资，也没钱为狐狸买食料。此时，养殖场里仍有差不多 700 只狐狸，单是它们的食物就是一笔不小的开支。

她不得不向工人们宣布，虽然他们细心地照料着这些狐狸，而且一直热心协助研究，但她已经没法给他们发工资。一些人还是留下来，他们舍不得离开柳德米拉和他们的狐狸朋友。柳德米拉恳求，如果大家迫不得已另谋生路，在她想办法筹到资金后，希望能请他们回来。“我们告诉大家，”她回忆道，“等我们情况略有好转，就请大家回来吧，我们需要你们。”此外，她还需要全力以赴地去照顾狐狸，努力让它们活下来。

遗传学和细胞学研究所所长倾其所有，从有限的预算中拨款支援柳德米拉。狐狸实验是研究所最大的成就。正如柳德米拉所言，它“成了研究所的‘招牌’”，向世界遗传学界传达研究所最卓越的研究。柳德米拉又向西伯利亚科学院请求拨款，陈述这项实验的重要性，科学院提供了一些资金。有了这笔资助，柳德米拉能养活那些狐狸，而研究工作不得不搁置。1998

年，俄罗斯经济衰落至最低点。严重的经济危机导致卢布在世界市场上贬值。当年 8 月，俄罗斯又因无法偿还国债而造成严重的货币短缺。[6] 几乎所有国营企业都彻底断了资金，柳德米拉的狐狸养殖场几乎再也拿不到一分钱。包括她在内，养殖场里的人都非常喜欢这些狐狸，但他们现在面临的可怕前景是，他们恐怕养不活它们了。

养殖场还存有一些吃的，柳德米拉也从历年的补助中攒下来一些钱，还能再买一些食物和关键的防疫药品，狐狸有时会得肝炎，还会感染几种肠道寄生虫。这些钱见底时，她和几个同事又竭尽所能筹钱，尽可能多买一些食物。但这几乎不够让狐狸们吃顿饱饭，它们开始日渐消瘦。为了不让狐狸饿死，柳德米拉几近绝望。她跑到养殖场和研究所周边的路上拦车，乞求人们给点钱，或者任何食物。

柳德米拉决定就狐狸所处的困境寻求帮助。她坐下来，开始写一篇详细介绍狐狸实验的文章，同时向科学界和广大公众发出求救信号。也许有人会帮忙。柳德米拉写道："40 年，我们一辈子都在做这个实验。我们相信德米特里会高兴看到实验的进展……就在我们眼前，'野兽'（Beast）变成'美女'（Beauty）。"[7] 她描述狐狸身上发生的一系列变化，解释它们变成了多么可爱、多么忠心的动物。"我在驯化条件下养了许多小狐狸，"柳德米拉写道，"它们表现得非常温和可爱……像狗一样忠诚，又像猫一样独立，能够与人类形成很深的情感联系——建立相互之间的感情。"柳德米拉告诉读者，它们就像家养的宠物，你爱它，孩子们也爱它。她还呼吁继续进行多方面的研究：狐狸的基因组分析有待完成；还需要更深入地研究狐狸如何能每年繁殖多次；他们已经开始听到温顺的狐狸发出新的声音，希望弄清背后的原因；对这些特殊的动物的认知能力，研究才刚刚起步。尽管实验已经进行了40年，但从宏观层面来看，这在进化史上只是一瞬间——如果有更多的时间，他们能把狐狸驯化成什么样呢？

最后，她直接评价了目前的严峻形势，但并没有直接寻求支持。她写道："40年来这还是头一次，我们的驯化实验前景堪忧。"在描述了这种困境后，她在文章结尾处郑重宣告，希望有一天这些精英幼狐能让人们作为宠物收养。

她将文章寄送给美国著名的科普杂志《美国科学家》，并附上一些狐狸的照片，展示它们有多么像狗，多么富于温情。其中有一张照片，德米特里坐在一群小狐狸中间，它们在他的脚下玩耍，跳起来舔他的手。她希望编辑们能理解让这些狐狸存活的价值，并尽快发表文章。

尽管她做了一切努力，但随着冬天到来，狐狸还是接连死去。有一些死于疾病，但大多数是饿死的。她和研究团队的成员，以及坚守在岗位上清理笼舍并尽可能照料狐狸的工人，都因它们数量的减少而深感痛苦。令柳德米拉恐惧的是，她不得不做出一个残酷的选择：如果想筹集资金来防止狐狸大量死亡，唯一的办法是牺牲一些狐狸来卖皮毛。她无奈地让工人们对狐狸实施安乐死，让它们平静地死去，而不会遭受痛苦。大部分安乐死的狐狸都是从凶猛的或对照组的狐狸中选出来的，还有那些身体状况最差的、濒临死亡的，尽可能不让那些温顺的狐狸遭受这种命运。这是柳德米拉所做出的最艰难的选择，直到现在她都很难鼓起勇气去谈论那段可怕的时期。一些饲养员和研究员因为这场变故而深受打击，不得不寻求心理咨询，有一名工人彻底崩溃，被送到精神病院治疗。

到 1999 年年初，只有 100 只温顺的雌狐和 30 只温顺的雄狐还活着，凶猛的和对照组的数量就更少。柳德米拉觉得，现在唯一的希望就是她那篇文章能在《美国科学家》上发表，有心人会提供帮助。痛苦的日子悄然流逝，直到有一天，她惊喜地收到了杂志编辑的信。她忐忑不安地拆开，所幸是个好消息——文章被接收了。

这篇题为《早期犬科动物驯化：养殖场的狐狸实验》(Early Canid Domestication: The Farm-Fox Experiment）的文章，刊登在杂志 1999 年 3 月 /4 月卷，展示了柳德米拉寄去的几张照片，其中就有德米特里和小狐狸们在一起的那张，还有一张是一名研究人员抱着一只正舔她脸的狐狸。后来，她听说《纽约时报》的长驻科学作家马尔科姆・布朗（Malcom Browne）在上面发表一篇文章，讲述这些狐狸的故事，并提到她的诉求。柳德米拉顿时觉得有了希望。她也担心自己只是走投无路之下的异想天开。会有人响应吗？真的会有人支持吗？她回忆说，当时她很担心，“也许我只是一厢情愿。”

并非一厢情愿。反响十分热烈。世界各地的动物爱好者听到了她的呼声，信件如潮水般涌来。一名寄信人写道："你的最后一段话让我很震惊。美国人可以私人给你们的中心捐款吗？我拿不出太多钱，但我想捐一点，向你们表示支持。"[8] 另一封信来自一名近海石油工人，他写道："出不了多少钱，但是我可以帮忙……请给我一个捐款渠道。"[9] 有些人寄了几美元，也有少数人寄了一两万美元。柳德米拉又能给狐狸买所需的食物和药品，部分饲养员也请回来了。狐狸和实验，都得救了。

科学界也动员起来。狐狸的故事惊动了世界各地的科学会议，也是会议茶歇讨论的热门话题。遗传学家和动物行为学家意识到，这一脉非同寻常的驯化狐狸，不仅能提供关于驯化遗传学的重要线索，而且有助于解释基因和行为之间的联系。未来可做的研究太多了，例如可以对狐狸做基因测序，但新西伯利亚的细胞学和遗传学研究所当时还没有技术和资金来做这件事。还可以更深入分析激素分泌变化以及基因层面的原因。当时正兴起对动物认知和动物心智的研究，狐狸的认知能力将是一个重大的研究课题。柳德米拉开始收到来自国外科学家的咨询，也向他们开放狐狸养殖场的大门。

最初联系柳德米拉并同她探讨狐狸研究的多名科学家中，有一名俄裔遗传学家——安娜·库凯科娃（Anna Kukekova），博士毕业于圣彼得堡大学，随后在康奈尔大学就职，研究犬类的分子遗传学。她第一次联系柳德米拉是在 20 世纪 90 年代初，那时她还是一名大学生，希望能与狐狸实验团队合作，但当时研究所正处于第一次经济困难时期，没能招她进来。

库凯科娃一直对狗及其亲缘物种有着强烈的兴趣。12岁时，她就加入了列宁格勒动物园的青年动物学家俱乐部。在挑选一种最喜欢的动物来进行研究时，她选择了澳洲野犬，因为她很好奇，为什么它们的行为与其他犬类不同。她的热情一直延续到研究生阶段，尽管她当时忙于研究细菌和病毒，还是要抽时间每周去做几天驯犬师。

拿到学位后，她开始在犬类遗传学这一新兴领域找工作。当时，只有屈指可数的几家实验室在研究狗的基因组，库凯科娃给好几家实验室都写了求职信。康奈尔大学格雷格·阿克兰（Greg Acland）实验室不久前刚拿到一大笔资助，就录用了她。1999年，库凯科娃离开俄罗斯，来到纽约的伊萨卡，一个有着连绵的丘陵、风光秀丽的地方。

这是研究分子遗传学的好时机。此前10年是遗传学领域的分水岭，随着新颖而强大的基因分析工具引入进来，重要成果大量涌现。1983年，科学家们确定了首批人类致病基因的位置——与亨廷顿病有关的基因，位于4号染色体上。同年，化学家卡里·穆里斯（Kary Mullis）发明了快速复制DNA片段的技术，即聚合酶链式反应法（PCR）。这项技术显著增加了绘制基因的速度和准确性，也让他在10年后获得了诺贝尔奖。到1990年，科学家们已经发现了一个与囊性纤维化相关的关键基因突变；在分子遗传学方面，研究热点是了解肿瘤抑制基因失效并导致乳腺癌的机制。也是在那一年，人类基因组计划启动，这是一次具有里程碑意义的全球合作。

第一种完成全基因组测序的生物，是流感嗜血杆菌。它并不会引起流感，虽然名字听起来很像。不过，它确实会导致严重的感冒症状，尤其是在幼儿身上。研究人员发现，它的基因组包含约 180 万个碱基对，这意味着更复杂物种的基因序列可能更长。第二年，人们又绘制出了第一个真菌的基因组，这种真菌被广泛用于起发面包，因此俗称“面包酵母”。1996 年，苏格兰罗斯林研究所的发育生物学家伊恩·威尔穆特（Ian Wilmut）团队从一只绵羊身上取下一个乳腺细胞核，植入另一只绵羊的去核卵细胞中，最后把合成的卵子植入第三只羊体内。这令许多人兴奋，又让一些人惴惴不安——他们觉得，科学正在冒险涉足一些禁区。1996 年 7 月 5 日，那只代孕的母羊产下了第一只克隆羊——编号 6LL3，随后很快得名“多莉”，因为有一名助产士是多莉·帕顿（Dolly Parton）的粉丝。普林斯顿大学的生物学家李·西尔弗（Lee Silver）喜忧参半地总结道："太难以置信了，这基本上意味着突破了极限，科幻小说里说的都是真的。以前他们说这永远没法实现，但你瞧瞧，没到 2000 年就实现了。”[10]

第一个完成基因组测序的多细胞动物——线虫的完整序列于 1998 年公布，它是医学遗传学研究的重点，包含约 1 亿个碱基对。随后，1999 年，距离沃森、克里克和罗莎琳德·富兰克林（Rosalind Franklin）揭开 DNA 结构之谜不到 50 年，人类基因组计划启动 9 年后，中、美、日、德、法、英 6 国科学家发布了人体自身 23 对染色体中第一份染色体图谱。首先绘制出的是人体第22号染色体，因其相对较小，而且与许多疾病相关。仅仅两年后，世界两大顶尖期刊《科学》和《自然》竞相发表了两篇公布人类基因组草图的论文：一篇来自人类基因组项目团队，另一篇来自克雷格·文特尔（Craig Venter）的塞莱拉基因组学（Celera Genomics）团队。美国国家卫生研究院（National Institutes of Health）的弗朗西斯·柯林斯（Francis Collins）预测，这最终将催生“个体预防医学”（individual preventive medicine）。又过了两年，人类基因组项目宣告基本完成，从头到尾逐个绘制了大约32亿个碱基对，覆盖了人体99%的基因。许多人认为这足以媲美人类在登月上取得的胜利。[11]

2001年晚秋，也就是人类基因组初稿发布之时，库凯科娃看到柳德米拉发表在《美国科学家》上的文章，得知这些狐狸的悲惨处境。她几乎看完了所有关于这个实验的文章，以便深入了解自她听说这个实验以来他们所做的工作。她发现还没有人对狐狸进行基因测序，所以很好奇自己用来绘制犬类基因组的工具能否调整一下用来绘制狐狸的基因组。如果她开始绘制精英狐狸的基因图谱，或许有一天——也许仅仅几年之后——将其与狗的基因组进行比较，就会得出重要结论。当时对温顺的狐狸基因组知之甚少，所以可供她探索的问题可以说无穷无尽。

对单个基因进行测序——且不说对精英狐狸的大部分基因组进行测序——这项工作在柳德米拉看来，不管是她还是其他人，在相当长时间内都是不可能完成的。随后还要与狗的基因组进行比较，几乎就是痴人说梦。犬类基因组学是一个新兴的研究领域，当时很少有研究人员接受过这方面的培训。但幸运的是，库凯科娃是其中之一，她希望能够把柳德米拉和狐狸带入这个美丽的新世界。

库凯科娃向她在康奈尔的博士后合作导师格雷格·阿克兰提出，2002 年她去俄罗斯陪母亲和祖母过完年就联系柳德米拉，看柳德米拉愿不愿意让她参与这个项目。阿克兰觉得这个想法不错。于是，库凯科娃回到莫斯科后不久，就联系了柳德米拉。柳德米拉也对这个计划感到非常兴奋。库凯科娃本来打算，如果柳德米拉愿意，等她回到康奈尔大学见到阿克兰，就可以和柳德米拉一起敲定细节。而当柳德米拉问库凯科娃第一步应该怎么做时，库凯科娃告诉她首先要从狐狸身上采集血样，柳德米拉建议她坐飞机去新西伯利亚——马上就去。40 多年来，柳德米拉一直能够敏锐地抓住机会，所以她的狐狸实验才会如此成功。

库凯科娃有点不知所措。这就开始了？现在就去？她原本觉得会有几个月的时间来回讨论。不过库凯科娃自己也知道机不可失。问题是，库凯科娃至少需要 300 个采样瓶来采血，但当时在俄罗斯这种设备既罕见又昂贵，细胞学和遗传学研究所并没有。库凯科娃说她会自己设法解决。她给以前在圣彼得堡大学实验室工作时的老同事打电话，几天后拿到采样瓶。1 月 4 日，她飞往新西伯利亚。

事情进入了高速发展的快车道。库凯科娃一到柳德米拉在研究所的办公室，柳德米拉就对她说："时间不多，我们直接去养殖场吧。"库凯科娃对见到那些精英狐狸时的惊喜之情记忆犹新。"跟温顺的狐狸打交道有多奇妙就不用说了，"她回忆道，"我吃惊的是这些狐狸与人类互动的愿望非常强烈。"不过她克制住自己的情感。她必须马上着手工作，为取样程序做准备。理想情况下，她应该从三代狐狸身上提取血液样本进行分子遗传分析，所以柳德米拉立即派实验团队的两名工作人员去查阅狐狸们庞大的家谱数据，以确定从哪些狐狸身上提取血液。狐狸养殖场的团队非常有效率，第二天早上 9 点，安娜到达研究所之时，狐狸名单已经给她准备好了。

柳德米拉也以最快速度安排取样。他们只有几天的时间来完成所有的工作，而且冬天严寒刺骨，棚屋里没有暖气，只能带狐狸去室内抽血。因此，柳德米拉安排 10 名饲养员（其中大部分是女性）组成一条流水线，帮忙将狐狸从笼子里取出，带到养殖场的一所房子里抽血。工作节奏非常紧凑，有个工人滑倒摔断胳膊，还让大家继续做事，不要担心他。这是一个工作效率出类拔萃的团队。工人们的奉献精神深深打动库凯科娃。"能遇见那些女士是一种幸运，"她说，看到她们"对动物深厚的感情，让我想起小时候在列宁格勒动物园里看到的一些老饲养员。"

日落时分，他们已经从大约 100 只狐狸身上收集了血样。第二天也是如此。"柳德米拉给养殖场的饲养员们带了一个蛋糕，"库凯科娃说，"是一点小小的心意，感谢他们加班加点地帮忙。"

库凯科娃没有从海外携带血液样本进入美国的许可，因为她事先没想到这次旅行中能采集到血样。幸好，她并不需要血液本身，只需要血液中的遗传物质。于是，她在回康奈尔的途中暂时停留在圣彼得堡，再次求助大学里的朋友。他们同意帮她从样本中提取 DNA，虽然时间很紧，距离她登机回家只剩下 5 天。朋友们齐心协力，只用 3 天就完成工作。他们明白，这次 DNA 分析将会非常重要。

分离有关狐狸驯化基因的大幕，终于徐徐拉开。

9

像狐狸一样聪明

不论是安娜·库凯科娃这样的遗传学家，还是动物行为学专家们，都对共同研究驯化狐狸的机会很感兴趣。正如1971年奥布里·曼宁在爱丁堡组织动物行为学会议时因西方科学期刊上关于这项实验的初期报道而为之着迷，20世纪90年代，新一代动物行为学研究者们也认识到狐狸实验对其工作的重大意义，以及继续研究狐狸的必要性。一系列新的研究聚焦于动物的认知能力和多种学习方式。总之，狐狸为探索驯化的物种与其野外的近亲之间的认知差异提供了绝佳的机会。

柳德米拉和德米特里一致认为，促成狐狸驯化的基因改变，也必定使狐狸的大脑变得懂得学习如何更好地与人接触。普什辛卡学会向柳德米拉表现出特有的忠诚。柳德米拉也相信普什辛卡可能展示了基本的推理能力。普什辛卡为抓住乌鸦而装死的妙计，似乎代表它具有筹谋划策的远见。但是柳德米拉没有研究动物认知的专业知识，此前没做过任何测试狐狸思维能力的研究。

深入了解动物的思想是很难的。养狗的人观察到狗小心翼翼地叼着一块骨头走到房间角落或者椅子后面，抓挠地板，然后轻轻地放下骨头，好像要把骨头埋起来一样，这时就会好奇自己的宠物在想些什么。它是在玩耍，就像小孩子玩过家家或模拟消防救援一样吗？或者它们已经聪明到懂得把骨头藏起来以备不时之需？当猫从门后扑出来时，它们脑海里浮现的画面，是精彩的狩猎比赛吗？当它们跑过房间时，是否会想象自己在躲避一个可怕的掠食者？也可能恰恰相反，我们的宠物们这些行为只是出于本能——达尔文观察到他的狗绕着地毯转了 13 圈才躺下来去睡觉，推测这不过是本能。

动物心理活动的本质究竟是什么？我们还不完全清楚。关于动物行为，最难回答的问题就是动物心灵和情感的本质。达尔文曾推测，动物与人类的认知和情感是连续统一的。20 世纪的研究人员对于基因改变动物行为的方式有了更多发现，比如康拉德·劳伦兹证明，小灰雁在“印刻现象”阶段，会将皮球误认为是自己的妈妈，但他们会极其谨慎，不将动物行为拟人化，或者把人类的想法投射到动物身上。珍·古道尔关于黑猩猩的推断引起了一场骚动。对于哪些证据可以用来推断动物心理活动，如今标准变得极高。不过，珍·古道尔及其他动物行为学家的观察，也激发了人们寻找新方法来探究动物心智本质的兴趣。

许多从事这项研究的动物行为学家，如贝恩德·海因里希（Bernd Heinrich）和加文·亨特（Gavin Hunt），都遵循柳德米拉的导师列昂尼德·克鲁辛斯基和诺贝尔奖得主尼古拉斯·丁伯根的传统，到野外去实地研究动物。许多有趣的研究表明，除了灵长类动物，其他动物也会使用工具。新喀鸦（*Corvus moneduloides*）是鸟类世界中的工具制造大师。[1]这些鸟会用树枝和树叶制作工具，以便捕食树皮下的昆虫。它们将工具插入树皮的裂缝中，当猎物出于防御本能抓住它们的工具时，就将其拉出，要么自己吃掉虫子，要么喂给嗷嗷待哺的后代。它们出生头两年就学习制造工具，从“学徒”开始，观察有经验的乌鸦如何摆弄工具，直到自己成为优秀的工具制造者。它们一开始制造最简单的工具，剥下树枝上的叶片和侧枝，使之足够平滑便于伸入缝隙。最终它们学会制作更复杂的东西，比如末端有钩子的枝条。为此，它们要先选择一根分叉形成两条细枝的小树枝，然后从分叉处上方咬断其中一个分枝，这样剩下的树枝末端就形成了一个小小的“V”形，就像折断的鸡叉骨，一边长一边短。最后乌鸦们会用喙打磨 V 形部分使之变得锋利。

新喀鸦也会选用露兜树边缘带尖刺的叶子。它们会把叶子的末端打磨得像矛尖一样，当作探针来探寻食物。在实验室里，研究人员发现，它们还会用纸板和铝等新奇物品来制作工具。因此，研究人员在新喀里多尼亚的自然栖息地安装了一系列“乌鸦摄像头”，观察它们在野外是否也能表现得这么聪明。画面显示，野生的乌鸦也会将蜕下来的羽毛和干草做成工具，有时，它们甚至会用工具来捕食蜥蜴这种特别多汁、富含蛋白质的食物。尤其引人注目的是，它们还会保护好自己最好、最喜欢的工具，便于重复使用。[2]

为什么新喀鸦具有如此惊人的工具制造技能，而其他物种却没有呢？这引起许多争论。为找到答案，研究人员一直在探究新喀鸦身上有哪些其他鸟类所不具备的因素。可靠的假说是，一系列条件的组合促成了它们的这种能力。人们认为，新喀鸦在食物上的竞争者较少，被捕食的概率较低，因而它们有更多时间来测试工具；它们的幼鸟发育期相对较长，有大量的机会从亲鸟和其他成年个体那里学本领。

除了研究动物学习本身外，科学家在动物的记忆能力上也下了很大功夫，并取得一些惊人的发现。在记忆力方面，动物界极少有能赶得上松鸦的。松鸦属于鸦科，渡鸦和乌鸦也是这个家族的成员。虽然有些松鸦不会储存太多食物以备不时之需，但是大多数松鸦能记住它们在 9 个月里储存的 6000 到 11 000 颗种子的位置。这种能力与其大脑中巨大的海马体有关。[3] 西丛鸦将鸟类智商拔高了一个档次。它们不仅记得埋藏大量食物的地点，还能记得贮藏食物时谁在旁边看着。如果被看见了，它们随后就会把食物挖出来藏到别处去，大概是为了防止食物被偷。[4]

另外，一些动物可能具有理解数量的基本能力。黑猩猩能分辨出一个盘子比另一个盘子装有更多块香甜可口的香蕉。而狗如果得到的食物比平常少的话，那么它们就会明显表示希望得到之前那么多；如果觉察食物分配不均，别的狗得到的更多，它们也会明确表示气恼。沙蚁在贫瘠环境中无法找到线索来帮它们回家，却可以估算出自己在觅食过程中从巢穴往外走了多少步。动物行为学家捕捉了一组外出觅食的蚂蚁，设法在它们腿上绑上小木条，让它们的腿长了 50%。随后将蚂蚁放回觅食地，观察它们返回巢穴的过程，研究人员发现，这些蚂蚁比本该走的距离多走了一半，然后停在那里，开始寻找自己的巢穴。它们正好多走了 50% 的距离，合理的解释就是，它们记下了之前走的步数。[5]

在这一研究热潮中，对推理能力的研究也有了长足的进步。一些研究人员又开始断言，一些非人类的动物表现出推理能力。当然，其中最典型的是灵长类动物。灵长类动物像人一样具有推理能力，这种观点实际上可以追溯到 20 世纪早期。1910 年左右，普鲁士科学院在加那利群岛上建有一个灵长类动物研究站。德国科学家沃尔夫冈·科勒（Wolfgang Kohler）在担任研究站负责人期间，曾观察过猿类。他提到，这些猿解决问题时非常有想法。他曾看到它们把板条箱摞在一起，以便爬上去够到一串串的香蕉，还会用长棍子把香蕉从树上打下来。沃尔夫冈将这些不凡之举写进一本具有影响力的书《类人猿的心理》（*The Mentality of Apes*），最早于 1917 年以德语出版。他断言，类人猿在完成这些任务时显然运用了推理技巧。不过，几十年过后，他的研究逐渐没落，因为研究热点变成了仅以条件反射和本能来解释动物行为。但是，珍·古道尔、黛安·福西（Diane Fossey）等人对黑猩猩和大猩猩的观察，以及随后弗兰斯·德·瓦尔、多萝西·切尼（Dorothy Cheney）、罗伯特·塞法思（Robert Seyfarth）和芭芭拉·斯马茨（Barbara Smuts）等新一代灵长类动物学家在野外和实验室中对倭黑猩猩和其他灵长类动物复杂社会活动的观察，让沃尔夫冈的理论重新变成主流。

在这一领域内，成果尤其丰硕的是动物社会认知研究。社会认知即动物评估自身所处社会环境的能力，在森林中成群觅食的黑猩猩，或参加宠物赛跑的一群狗，都会产生社会认知。科学家研究动物如何处理彼此传递的暗示，或回应其他动物的暗示，比如狗就是用这种方式理解主人的情绪。驯服狐狸的工作对这方面研究大有裨益。

布莱恩·黑尔作为动物社会认知研究的主要参与者，去新西伯利亚科技中心对狐狸进行了一项有趣的研究。布莱恩当时还在理查德·兰厄姆的指导下攻读博士学位。二人共同完成了关于倭黑猩猩自我驯化的论文。黑尔的专业方向是比较不同动物的社会认知能力，重点研究犬类和灵长类动物。他尤其感兴趣的是弄清动物社交技能的进化原理。[6]

不论是黑尔还是其他人的研究成果都表明，除了人类以外的灵长类动物，比如黑猩猩和狒狒，表现出各种复杂的社会认知。灵长类动物互相梳理毛发的方式就体现了这一点。[7]研究人员在酷热的非洲汗流浃背，就等着观察黑猩猩或大猩猩是否会做一些前人没观察到的事情。他们历尽艰难才发现，与预测的相反，许多灵长类动物会长时间无所事事，只坐在一起互相梳理毛发，看起来就像在发呆。梳理毛发主要是为了清除躲在隐蔽处的寄生虫，但似乎也能缓和群体内部的紧张关系，使被梳毛的个体体内应激激素含量降低，同时促进双方体内（如内啡肽）等物质的分泌，产生愉悦感。有时，严格的社会互惠规则似乎支配着这些梳理行为。毕竟，给一只猩猩梳理毛发需要时间，在像自然界这样竞争激烈的生物市场中，时间不仅是金钱，而是事关生存的硬通货。因此，时间分配必须非常谨慎。做任何得不到回报的事都是有风险的，灵长类动物能很清楚地管理自己的“时间账户”。在36项关于灵长类动物的研究中，加布里埃尔·斯基诺（Gabriele Schino）也注意到社会化的梳理活动，她发现个体很留意谁给自己梳理过，并将梳理作为一种回报。事实上，有时它们甚至用另一种“货币”来回报，比如帮助寻找食物或水。灵长类动物们需要找到可以放心让其梳理毛发的同伴，这就意味着它们在做这件事情时，已经敏锐地感知到所处的社会环境。[8]

其他研究表明，一些灵长类动物会依照社会规则组成同盟和联合，以获取自己想要的。狒狒发展出一种“伙伴”系统，由此个体就能识别出可以信任的同伴。[9]交配期内，种群里地位较低的雄性狒狒一般会让其他雄性帮忙，来接近更具有权力的雄性守护的雌性。克雷格·帕克（Craig Packer）观察到，一只狒狒经常会去结交另一只狒狒，一起威胁对手。它会一边反复地看着新伙伴，一边继续对对手做出威胁的姿势。有时这种方法卓有成效，如果成功打败对手，招募伙伴的狒狒就能如愿以偿地与对手的雌性伴侣交配；与之结盟的雄狒狒也会得到某种回报；那些为伙伴提供帮助的狒狒，在自身遇到困难时，也更有可能得到帮助。[10]

动物界的社会认知也可能涉及欺骗。长尾猴（vervet

monkeys）发现捕食者时会发出警报来提醒同类，而一些长尾猴已经能够用这种警报来骗同伴并保住自己的领地。两个长尾猴种群在领地边界相遇时，不同群体的成员之间可能会爆发“侵略战争”。多萝西·切尼和罗伯特·塞法思记录了 264 次种群间的互动，发现在没有危险的情况下，等级较低的雄性猴子有时会发出假警报。它们似乎故意拿一个虚拟的捕食者，转移注意力，让群体一致对外，而不是搞种群内的冲突，要不然，遭殃的很可能是这些地位较低的雄性。[11]

动物对社会环境的了解，显然比研究人员最初认为的更为深入。通过对狗和灵长类动物的研究，黑尔在动物的社会认知方面有了重要发现。研究表明，在经典的社会智力测试“物品选择测试”中，狗比黑猩猩表现得更出色。[12] 研究人员发现，如果他们在桌子上放两个不透明的容器，再在黑猩猩不知情时把食物扣在一个容器下面，要用视觉线索指引黑猩猩找到食物将会非常困难。哪怕你指着正确的容器、注视、触摸，甚至在上面放一个木头块之类的标记，黑猩猩就是不明白，没法更快速地找出下面藏有食物的容器。与之相反，狗在这类物品选择任务上简直是天才，能够顺利地领会黑猩猩似乎察觉不到的线索。[13]

黑尔本人在实验中已经比较过猩猩和狗的能力，并证实狗在此类任务中确实表现得更聪明。他进一步问自己：为什么狗擅长做这个？可能是因为狗生下来就和人在一起，学会了如何做这些事情。也可能狗、狼等所有的犬科动物都很擅长做物品选择测试，与狗本身的特性无关。唯一的验证方法是设计一个实验，同时测试狼和狗。黑尔观察到，狗的表现一如既往，而狼似乎不知所措。[14]也就是说，并不是所有犬科动物都能做到这一点。他还测试了不同年龄段的小狗。它们在物品选择测试中表现得都很棒。他又测试了与人类接触程度不同的狗，表现得也都很优秀。所以，黑尔得出结论：狗擅长这项任务，并不是因为接触人类的时间足够长。

很明显，狗在这方面的卓越才能似乎是天生的。但还有另一个层面的问题有待解答。黑尔想知道，为什么狗天生就能解决复杂的社会认知问题，而黑猩猩却不行呢？他推测，答案很可能与狗被驯化有关。2002年，黑尔在发表于《科学》杂志上的论文中写道："和最近的狼类祖先比起来，一些狗能够更灵活地处理社交信号，因此在自然选择上更具有优势。"[15]在驯化过程中，如果狗够聪明，能够对主人给的暗示做出反应，它们就能得到更多的食物，因为它们能按主人的心意行动，所以人类会给它们更多食物作为奖励。它们也可能会捕捉到一些并不是人类刻意发出的信号，偶尔能得到一些额外的食物。

这完全说得通：狗的独特技能是对新的生活环境的完美适应，经由人类的选择保留下来。至此，黑尔已经对这个重要问题给出了简洁而绝妙的解释——这正是年轻科学家梦寐以求的事情。[16]

黑尔的导师兰厄姆却有不同的看法。兰厄姆对黑尔说，的确，学会这种技能一定和驯化有关，但这种关于适应性的故事——社交能力更好的动物由人类选择——是唯一可能的解释吗？狗具备领会人类暗示的惊人能力，才受到选择的青睐，情况必然如此吗？理查德认为不然。他提出了另一种假设——也许，只是也许，这种能力只是驯化过程中偶然出现的副产品。[17]他觉得，领会人类暗示的能力并不是被选择出来的，只是碰巧与其他受人看重的特质一同出现。黑尔决定接受挑战，验证一下双方观点，赌一把到底谁是对的。

只有新西伯利亚科技中心的狐狸养殖场有条件让黑尔做这个测试。这是唯一一个从头开始驯化动物的地方。在这里，研究人员知道究竟是何种选择压力发挥作用，但还没有以社交能力为标准进行过选择。如果黑尔是对的，那么在社交能力测试中，温顺狐狸和对照组狐狸的表现都不会很好，因为狐狸实验团队从来没有根据社交能力来选择狐狸；如果兰厄姆是正确的，社交能力确实是驯化的副产品，那么驯化的狐狸应该表现出与狗相似的社交能力，而对照组的狐狸却不会。通过柳德米拉的一名同事联系到了她，问她是否同意这项研究。柳德米拉很痛快地同意了。黑尔拿着从探险者俱乐部（the Explorers' Club）筹集来的约 1 万美元，动身前往新西伯利亚科技中心。柳德米拉、研究所的科学家和狐狸养殖场的工人热情地接待了他。他兴奋无比，迅速融入当地的圈子里，就连大家总把他的名字“布莱恩”叫成“布雷恩”，也觉得挺不错。

当黑尔看到温顺的狐狸不自觉地对他摇尾巴时，他立刻爱上它们，就像大家一样。之后他开始工作，打算拓展一下在狗和狼身上做过的物品选择测试。[18]对狐狸的测试将采用两套实验方案。第一套方案与在狗和狼身上做过的相似：狐狸前方大约1.2米处有一张桌子，桌子上放着两个相同的杯子，黑尔会把食物藏在其中一个杯子下面。[19]一名协助工作的研究人员会用手指着同时用眼睛盯着下面有食物的杯子，然后记录狐狸是否倾向于选择哪个杯子。第二套方案不用食物，而是用狐狸平时玩惯的心爱玩具。他们会在围栏里正对着狐狸幼崽的地方放一张桌子，桌子的左右两端各放一个一模一样的玩具。

当黑尔认为一切准备就绪时，一系列意想不到的问题出现了。首先，他需要一张桌子来放杯子和玩具。他原本以为这不成问题，然而他很快就感受到苏联计划经济的遗风——这曾经是苏联生活的典型特点。他需要一张桌子，人们告诉他研究院的作坊会给他定制一张。他收到的可不是粗制滥造的东西，而是连德米特里都会引以为傲的“俄罗斯工艺品”。订单交过去，两周后桌子就送到了。“那是我见过的最精美的东西，”布莱恩深情地回忆道：“我叫它‘斯普特尼克’（Sputnik，苏联发射的第一颗人造卫星的名称），大家都觉得很滑稽。”[20]

实验开始前要解决的第二个问题似乎有点棘手。那就是为了让实验有效，一开始必须让狐狸站在笼子的中间，不能偏左也不能偏右。但他怎么保证狐狸一定听话呢？狐狸实验团队的一些成员建议黑尔训练它们待在中间，并保证这有可能做到。但他没有时间那样做，更重要的是，他不想让额外的训练影响实验结果。于是他想到，如果在围栏中间铺设一块木板，相比其他地方的铁丝网，狐狸可能会更喜欢待在木板上。研究所又一次为他提供了所需的东西，给每只狐狸的围栏里铺设了木板。第二天，当黑尔来到养殖场时，每只狐狸都躺在中间木板上的情景，令他至今记忆犹新。

他测试了75只狐狸幼崽，对每只都进行多次测试。[21]结果再清楚不过了：温顺的狐狸幼崽和小狗一样聪明；无论是凭借人类的指示和目光示意找到隐藏的食物，还是去抓黑尔或他的助手碰触过的玩具，它们都比对照组的幼狐狸表现得机灵得多。[22]

结果完全符合兰厄姆的假想。对照组的狐狸在社会认知任务上毫无领悟力，而温顺的狐狸表现不凡，甚至比狗还好一点。社交能力不管是如何形成的，都只是伴随驯化过程而来的。

"兰厄姆是对的，"黑尔承认："我错了。这彻底颠覆了我的世界观。"[23]突然之间，他对智力进化和驯化过程都有了不同的看法。他曾认为，早期人类有意让狗变得更聪明，才开发了狗的社交能力。但是，如果这种特性能够伴随对温顺的选择而来，那就证明，人们一开始驯化狼的时候，可能并没有考虑到它们的社交能力。黑尔现在相信，对温顺的选择，让狼走上了驯化的道路，因为那些天生稍微温顺一点的狼开始在人身边打转，会得到更多食物，带来更大的生存优势。狼可能已经开始自我驯化，就像德米特里推测的那样，他认为人类的驯化也是如此。这种认知上的改变，让黑尔与兰厄姆随后开始合作研究倭黑猩猩的自我驯化。

柳德米拉明白，德米特里一定会对黑尔的发现感到高兴：实验结果完全符合去稳定选择理论。驯化让狐狸进入了一个新世界，使其基因重组。在这里，对人类态度温顺是最可取的行为，随之会带来很多其他的改变——耷拉的耳朵，卷曲又会摇摆的尾巴，以及更好的社会认知能力。

黑尔在社会认知方面的研究，启发了狐狸研究团队的成员。他们开始测试温顺狐狸能完成多少狗在训练中学会的任务。伊琳娜·穆哈梅德希纳一直醉心于训练自己的宠物狗，19 岁在新西伯利亚州立大学读本科时，她加入狐狸实验团队。在养殖场工作一段时间后，她回忆道："我看到这些狐狸每天摇着尾巴跳来跳去，努力吸引人的一点点注意，就很好奇有没有可能像驯狗那样训练它们。"[24] 得到柳德米拉同意后，伊琳娜从温顺的精英狐狸中挑选了一只幼狐，名叫威尔贾（Wilj'a）。从威尔贾 6 周大时，她就把它养在自己的小公寓里，从小开始训练它。每天，她还会和养殖场里另一只温顺的小狐狸安茹塔（Anjuta）待在一起。3 周内，她每天都会花 15 分钟训练它们，如果它们对"坐下""躺下"和"站起来"等命令做出正确反应，就奖励它们美味的食物。威尔贾和安茹塔很快就学会执行这些指令，完成任务就像训练有素的狗一样。这让柳德米拉有了更多期待，说不定随着时间的推移，她能说服人们把精英狐狸幼崽带到家里。如果它们能如此轻易地学会按指令行事，那几乎就肯定能训练成完美的宠物。

20 世纪 80 年代和 90 年代，动物行为学家在对动物交流方式的认知上也取得很大进展。柳德米拉知道这项研究并满怀期待——她一直没能研究精英狐狸发出的新奇的“哈哈”声，但现在可能有机会了。

人们一直对动物之间，尤其是人类和非人类之间存在交流的说法持高度审慎的态度，这都是因为一匹名为“聪明的汉斯”（Clever Hans）的马。20 世纪初，威廉·冯·奥斯顿（William von Osten）一夜成名，因为他声称他的马“聪明的汉斯”拥有惊人的能力。冯·奥斯顿称，汉斯能够解答很难的数学题、识别不同的音乐片段，并回答有关欧洲历史的问题。当然，汉斯不会说话，它只是用蹄子敲出数学题的答案，或点头或摇头，用“是”或“不是”来回答问题。普鲁士科学院听说了这件事，决定在受控环境下对汉斯进行测试。结果显示，汉斯确实能做对题，但这只发生在房间里有人知道正确答案的时候。如果两个人分别问汉斯一部分问题，但都不知道对方和汉斯说了什么，那么汉斯的表现就和纯靠瞎蒙差不多。诚然，汉斯很聪明，只是并非人们以为的那样。它只是能注意到屋内的测试者在给出正确和错误答案让它选择时无意识间做出的非常细微的肢体和表情暗示。动物行为学家要确保不会犯这样的错误。

新一轮严谨的研究证明，许多动物会用别具一格的方式交流。长尾猴再次提供了很好的案例。在肯尼亚南部的安博塞利国家公园（Amboseli National Park），长尾猴的生活危机四伏：豹子潜伏在灌木丛中；能瞬间扑下来抓走猴子的冠鹰雕，一直在这片土地上搜寻它们的踪迹；周围还有致命的蛇出没。所幸，长尾猴能够通过彼此通气来防御这种威胁，而且方式很特殊，也就是发送不同类型的危险警报。如果发现了鹰，长尾猴会发出一种类似于咳嗽的声音。听到这种声音的长尾猴会抬头看天上或躲进灌木丛，躲避来自高空的威胁。要是出现的是花豹，长尾猴发出的声音更像狗叫，它们会相应地往树上爬，这样花豹就很难追赶它们。如果看到蟒蛇或眼镜蛇藏在茂盛的草丛中，长尾猴会发出“吱吱”的叫声，其他长尾猴则站起来扫视周围的草丛寻找蛇的踪影。总之，对于特定的信号，接收到信号的长尾猴都会做出合适的回应。[25]

柳德米拉觉得动物交流方式很有趣，但这并不是她擅长的领域。她和她的团队成员已经注意到狐狸开始发出一系列不同以往的叫声，比如精英狐狸幼崽为了引起人类注意发出哼唧和呜咽，还有各种类似狗叫的声音。狐狸可可还会发出“咯咯”的声音，以及奇怪的“哈——哈——”的声音，每次都能让柳德米拉想到人类的笑声。研究所没有人知道如何研究这些声音，所以柳德米拉一直没有尝试研究。2005 年，有人给她打电话，说想做这项研究。

当时，柳德米拉的母校莫斯科国立大学有一位专门研究动物交流方式的年轻教授伊利亚·沃洛金（Ilya Volodin）。[26] 20 岁的大学生斯维特拉娜·戈戈列娃（Svetlana Gogoleva）——昵称“斯维塔”（Sveta）——就在他的实验室工作。斯维塔读了关于狐狸实验的文献，认为这项实验有得天独厚的条件去研究驯化如何影响动物交流能力的进化。伊利亚很欣赏这个想法，于是二人联系了柳德米拉，建议记录下狐狸发出的所有声音，以便于比较温顺组、对照组和凶猛组狐狸的声音。和以往一样，柳德米拉热烈欢迎斯维塔加入狐狸实验团队。

柳德米拉告诉她，第一步，她将让狐狸实验团队的成员初步录制一些温顺组、对照组和凶猛组狐狸的叫声。她会把录音寄到莫斯科国立大学，让斯维塔和沃洛金分析一下。斯维塔和沃洛金一听到这些磁带，就被迷住了。他们还是第一次听到这类由温顺的狐狸发出的声音。“我们分析了第一批录音，”斯维塔回忆道：“就马上决定去狐狸养殖场研究这些独特的动物。”2005年夏天，斯维塔开始在狐狸养殖场工作。她回忆说：“我当时有点紧张。”毕竟，她甚至还没有完成她的本科学业。但当她见到柳德米拉时，她的焦虑立刻消失了。她说：“柳德米拉让人第一眼就觉得她是个非常善良、富有同情心的人。”柳德米拉邀请斯维塔去她的办公室，一人倒了一杯茶，然后给斯维塔讲了关于德米特里和这个实验的历史。“柳德米拉非常友好，说话时常常面带微笑，”斯维塔说：“她的微笑和柔和的语调，让我很快放松下来。”[27]

虽然和凶猛的狐狸相处压力很大，但斯维塔喜欢和温顺的狐狸一起工作，她尤其钟爱一只叫凯费德拉（Kefedra）的狐狸。她深情地回忆起，当她第一次去录制凯费德拉的声音时，那只敏感多情的狐狸是怎样“侧躺着发出一长串的咯咯声和喘气声”。当斯维塔抚摸它时，凯费德拉“试图把鼻子钻进我袖子里，还舔了舔我的手指”。

斯维塔研究的第一步是分类整理温顺组、凶猛组和对照组的狐狸声音。[28]“通常，我早上喂完狐狸开始工作，大概在10点到10点半之间。”她说：“我有一份名单，可以自由选择测试对象。”从一开始就很明显，凶猛组的狐狸总体上比其他狐狸更吵闹。但是，她对音量并不是特别在意：她想区分的是声音表达的意思，并确定不同群体的狐狸之间是否有差异。为了找到答案，她分别测试了来自温顺组、凶猛组和对照组的25只雌性。

每一次测试，斯维塔都要精心准备，以准确、有条不紊的方式，拿着马兰士（Marantz）牌型号为PM-222的录音机，接近一只待在围栏里的狐狸。她会站在围栏前方60厘米到90厘米的位置，如果狐狸发出声音，她就会连续录上5分钟左右。最后她录下了75只雌性狐狸的12 964段叫声，并将之分为8个类别。有4类叫声是所有狐狸，包括温顺组、凶猛组和对照组都会发出的；还有4类叫声，其中两类只有精英狐狸会发出，剩下两类只有凶猛组或对照组的狐狸会发出。

只有凶猛组或一些对照组狐狸发出的两类声音，（在人类听起来）听起来像是打呼和咳嗽。只有精英狐狸能发出的声音，是斯维塔之前听到凯费德拉发出的那种咯咯声和喘息声，这两种声音结合起来，交替形成了一种节奏快速的“咯咯、喘息、咯咯、喘息”，也就是柳德米拉十分熟悉的那种奇怪的“哈哈”声。

为了进一步深入研究，斯维塔详细分析了咯咯声和喘息声——即“哈哈”声——的本质。通过分析其声学微动力学，包括持续时间、振幅和频率等因素，她发现，这些声音的组合的确与人类的笑声非常相似——比其他非人类的动物发出的声音更像人类笑声。她还把咯咯声和喘息声与人类笑声的声谱图（声音的视觉表征）放在一起，发现很难找出区别。柳德米拉之前的想法完全正确——两种声音的相似性惊人，简直可怕。

声谱分析让斯维塔和柳德米拉提出了一个非常有趣的假设：温顺的狐狸发出“哈哈”的声音，是为了吸引人类的注意，以便更多地和人类相处。她们认为，温顺的狐狸已经以某种方式变得善于模仿人类的笑声，以此取悦我们。[29] 她们也说不出个所以然，但一个物种要与另一个物种交流，很难想象还有比这更令人愉快的方式。

10

基因的骚动

对于柳德米拉和德米特里来说，狐狸实验的核心是探明驯化的遗传学原理。虽然实验后来已经延伸到许多其他领域，但是从一开始这就是关键目标。安娜·库凯科娃受柳德米拉对狐狸驯化科学的热情鼓舞，直接冲到养殖场采集血样。有了她的加盟，柳德米拉终于可以开始探索狐狸基因组的细节，并希望通过分析进一步深入了解驯化过程。

库凯科娃和柳德米拉要做的第一件事是绘制狐狸的基因组图谱，这是一项艰苦的工作。要想构建一个完整的基因序列，势必花费大量时间和资金。库凯科娃决定想一种更快的办法来创建简略一点的图谱。完整绘制犬类基因组序列的工作做得很顺利，库凯科娃想试试能否用上为分析狗的基因而研发的工具——遗传标记（genetic markers）。[1] 这是一些帮助定位、鉴定和分析基因的 DNA 片段。考虑到狗和狐狸在进化上有很近的亲缘关系，库凯科娃认为狗和狐狸的基因组可能非常相似，狗的遗传标记在狐狸身上也能起作用。但她也有点不确定，因为狗的祖先和狐狸的祖先在 1000 万年前就已经分开。研究发现，这两个物种的染色体数量也有显著差异。大多数种类的狗有 39 对染色体，而银狐只有 17 对染色体。幸好，库凯科娃在不厌其烦地检测了 700 个用于研究犬类基因组的遗传标记后，发现其中大约 400 个适用于狐狸的染色体，这足以用来启动狐狸基因组图谱的绘制工作。[2]

柳德米拉在 2003 年秋天得知此事时，刚过完 70 岁的生日。确定可以分析她那些狐狸的基因组，对她来说意义重大。德米特里、她自己，还有狐狸，都经历许多才走到这一步。她第一次去新西伯利亚和德米特里一起工作时，他们在李森科的阴影下做实验，隐瞒工作的实质。45 年后，她还在这里，不需要再遮遮掩掩。不仅如此，现在与她合作的是一位俄罗斯科学家——不是苏联科学家。冷战期间苏联与美国是死敌，而俄罗斯科学家可以自由地在美国最好的研究机构工作。他们还掌握了非常复杂的技术，不仅可以分辨出单个基因之间的细微差别，甚至可以复制它们。她想，要是德米特里还活着，能和我们一起踏上这段旅程该多好。

库凯科娃、柳德米拉和同事们利用养殖场 286 只狐狸的 DNA 片段，精心构建了狐狸的基因组图谱。虽不全面，但 16 条常染色体的片段都有了，还包含部分雌性 X 染色体。他们需要有更多的遗传标记才能补全剩下的部分。研究人员总共绘制出 320 个基因的相对位置。[3] 虽然只绘出了这种有代表性的哺乳动物基因组的一小部分，却也迈出了一大步。现在，他们可以开始更艰难的工作了，具体内容是确定他们所绘制的基因中，哪些可能与驯化过程中的变化有关，最终弄清那些原本让动物野性十足的 DNA 片段，究竟是如何被改变，创造出人类喜爱的家养动物。这项工作将花费更多的时间和金钱。[4] 所幸，绘制狐狸基因组部分简略图谱的初期成果鼓舞人心，让他们得以争取到美国国家卫生研究院的资助。卫生研究院看中的是，了解狐狸安静、亲社会的行为和凶猛、反社会的行为背后的遗传基础，对医学上会有所帮助。[5]

在基因组分析工作进行的同时，库凯科娃找到另一位专家——美国犹他大学（University of Utah）生物学教授戈登·拉克（Gordon Lark）。她觉得戈登可以帮助她和柳德米拉继续研究柳德米拉之前发现的那些温顺组和对照组狐狸的解剖学差异。这些差异显示，温顺的成年狐狸鼻吻比对照组的狐狸鼻吻更短、更圆，保留了狐狸幼崽的特征，也更像狗。库凯科娃知道拉克及其团队已经测量过狗的躯干与头骨骨骼的长和宽，她猜戈登可能会同意帮忙比较狗和温顺狐狸的解剖学结构。

拉克的研究小组发现，在部分犬种身上，四肢短的同时也会更宽大，口鼻短的同时也会更宽阔、更圆润，——倾向于斗牛犬一般圆胖、肚皮贴近地面的体态；而四肢长而优雅、鼻吻较长的骨骼也较窄，样子看起来更像猎犬。拉克团队进行的基因分析表明，骨骼长度和宽度的关系，是受影响骨骼发育的几个基因支配的。[6]

库凯科娃问拉克是否有兴趣对养殖场里的银狐做类似研究。拉克欣然同意。为此狐狸实验团队要先买一台 X 光机，但柳德米拉没有资金购置。于是，拉克让人给细胞学和遗传学研究所转了25 000美元。柳德米拉在俄罗斯这边监管项目，她让自己的同事兼好友阿纳斯塔西娅·哈拉莫娃（Anastasia Kharlamova）负责日常运营——戈登喜欢叫她“柳德米拉的左膀右臂”。哈拉莫娃开始用X光扫描温顺组、凶猛组和对照组狐狸的身体和头骨，拉克的同事则建了一个网站，用来上传X光图像，这样犹他州的研究小组就可以发挥专业特长，分析狐狸骨骼的宽度和长度。

拉克初次领教柳德米拉团队工作的强度和效率。他回忆道：“网站顷刻间涌入大量数据，这太惊人了。不知道他们是怎么做到的，就好像狐狸实验团队一天有50个小时。”皇天不负苦心人。拉克的团队确定，他们在狗身上发现的骨头宽度和长度的关系——短的四肢和短的鼻吻，搭配宽大的四肢和宽阔圆润的鼻吻——也出现在狐狸身上。

为什么这些变化会出现在狐狸身上呢？拉克和柳德米拉想到一种有趣的可能性：对于野生狐狸而言，随着幼崽长大和断奶，它们的身体和脸形会向着对生存最有利的方向变化。幼崽时期它们的脸比较圆，腿比较粗。但是，后来它们渐渐长大，进入成年期更纤长有力的四肢能让它们追赶猎物和躲避捕食者时跑得更快；更长、更尖的鼻子便于探进茂密草木和林下灌丛的角落与缝隙中寻找食物。在野生狐狸中，这就促成发育过程中体形的改变，从而产生成年狐狸典型的解剖学结构；但在养殖场，狐狸从来不用去觅食、狩猎或躲避捕食者，人工选择更青睐幼态特征，因此驯顺的狐狸成年后仍拥有更圆的脸和粗短的体形。[7]

在与拉克合作研究温顺狐狸解剖学结构的同时，库凯科娃、柳德米拉和同事们进入DNA分析的下一阶段，尝试将关于基因组的研究与狐狸的行为联系起来。研究人员从685只温顺的和凶猛的狐狸身上提取DNA样本，并拍摄这些狐狸与养殖场一名研究人员互动的视频。对98种行为进行了细致到近乎严苛的分析后，他们记录下的典型特征包括“温顺的声音”“凶猛的声音”“温顺的耳朵”“凶猛的、贴紧的耳朵”“观察者可以触摸狐狸”“狐狸过来嗅观察者的手”“狐狸侧身翻滚”，以及“狐狸邀请观察者去摸它的肚皮”等，诸如此类还有许多。这个项目于2011年取得成果，可以说殊为不易，幸运的是，这一切功夫都没有白费。

他们发现，导致驯化狐狸产生诸多变化从而形成独特行为和形态特征的基因，可以确定是处在狐狸体内12号染色体的一个特定区域。在这个区域，温顺的狐狸和凶猛的狐狸有一组不同的基因，柳德米拉、库凯科娃和团队成员推测，这些基因可能与驯化狐狸特有的变化有关。[8]

就在一年前，也就是2010年，著名期刊《自然》上发表了一篇极具先驱性的论文，主题是狗的驯化。文章宣称，促使狼进化成狗的许多遗传学变异，可以归因于少数几个染色体。现在，库凯科娃和柳德米拉可以检验一下，使温顺的狐狸和野生狐狸区别开来的 12 号染色体遗传学变异，是否与家养狗的遗传学变异相似。他们希望能在这两组基因中找到明显的相似性，最后果真如此。狐狸 12 号染色体上与驯化过程相关的许多基因，在家养狗对应的染色体上也发现了。简直没有比这更好的结果了。

59 年前，德米特里乘坐长途列车前往爱沙尼亚，在科希拉狐狸养殖场与妮娜·索罗基娜会面，开始培育第一批温顺的狐狸；53 年前，柳德米拉加入进来，和他一同探索。现在，他们至少知道某些与狐狸驯化相关的基因位于何处。接下来，科学家们将继续实验，探究每个基因的具体功能，以及驯化特征是否源于这些基因表达的变化——就像德米特里一开始提出的那样，那时人们甚至还没有掌握这类专业术语。到 2011 年，技术已经成熟，可以做这些了。

“新一代测序技术”加快了 DNA 序列的读取速度，计算机分析可以替代人眼，读取数百万甚至数十亿的小 DNA 片段。分析基因的作用及其表达方式仍然是一个非常复杂的过程，因为在身体不同部位的细胞中，基因编码通常具有不同的功能。除了精子和卵子外，动物身体每个细胞的成对染色体中都有一组相同的基因。但是基因在不同的细胞中有不同的表达方式，从而形成表皮细胞、血细胞和脑细胞等。一些基因会在不止一类细胞中被激活，依据细胞的类型编码不同的蛋白质。因此，分析不同种动物中特定基因表达的完整过程，就需要比较基因在不同类型细胞中编码的大量不同类型的蛋白质。研究人员一开始通常重点关注身体特定部位特定类型的细胞。所以柳德米拉和库凯科娃首先要确定先检测哪种细胞。她们决定从研究狐狸大脑组织中的基因表达开始，因为大脑是控制行为的中枢，而狐狸的变化始于对温顺程度的选择。前额叶皮层在控制行为方面特别重要，所以他们从那里提取细胞。[9]

他们已经可以识别 13 624 个基因，在对温顺的狐狸和凶猛的狐狸体内这些基因所产生的大量蛋白质进行复杂的分析后，他们发现，这些基因中有 335 个（约占 3%）产生的蛋白质水平有着巨大的差异。例如，与分泌血清素和多巴胺有重要关联的 HTR_2C 基因，在温顺的狐狸身上表达的水平更高。尤为有趣的是，在 335 个基因中，有 280 个基因在温顺的狐狸身上表达水平更高，而其他基因在凶猛的狐狸身上表达水平更高。因此，变得温顺似乎并不是一个简单的过程。更重要的是，这些基因之间也有复杂的相互作用。全套基因的表达过程太复杂了，这将是未来数年间研究的课题。

如今，柳德米拉和库凯科娃仍在为鉴定这 335 个基因的具体功能而进行细致而耗时的工作。她们已经确定，有一些基因与激素分泌有关，另一些关系到血液系统的发育、患病风险、毛皮和皮肤的生成、维生素和矿物质的产生等。基因对激素分泌的影响是预料之中的，因为他们已经发现在狐狸驯化过程中许多关键的激素变化。但是还有哪些影响是与精英狐狸的行为相关的，仍然是一个谜。如果逐渐找到剩下的线索，银狐基因组的去稳定将浮现出更清晰的图景，随之，对狼和狐狸的驯化过程也会有更准确的理解。[10]

在狐狸实验中，德米特里从一开始就提出了一个理论：所有动物的驯化过程都涉及同一个基本的选择过程。就狼和狐狸的驯化而言，他说对了：二者的驯化过程很可能涉及很多相同的基因组和基因表达方面的改变。但这些结论在多大程度上能够解释其他物种的驯化过程？其中涉及相同的基因和基因表达上的变化吗？

最近，弗兰克·阿尔伯特（Frank Albert）和包括柳德米拉在内的遗传学家做了一项分析，将狗、猪和兔子的驯化过程所涉及的基因，以及这些基因的表达水平，分别与这三种家养动物的野生祖先野狗、野猪和野兔进去对比。他们发现，这三种动物身上无论是基因组或者基因表达水平的变化，都很难说是完全一样的。不过，他们确实发现，与大脑发育相关的两个基因很可能同时参与了这三个物种的驯化。这个诱人的新发现，还有待进一步研究。[11]

就目前而言，包括人类在内，其他物种的驯化过程，仍然是未解之谜，但是在理论上，随着时间的推移，我们应该能够揭开所有的谜底。随着基因分析技术日益先进，考古学、人类学和遗传学为其他物种的驯化史带来更多的启发，我们将更深入地了解物种之间驯化过程的相似性，并验证德米特里的假设，弄清是否在一切驯化背后，都是对温顺的选择和去稳定选择在发挥作用。

尽管不同物种所涉及的特定基因可能不同，但有证据表明德米特里是对的，不同物种的驯化在一些关键的方面很相似。对许多驯化物种基因的研究表明，驯化所涉及的就是德米特里在其去稳定选择理论中描述的一系列复杂的基因变化。例如，在法国南部做的兔子驯化研究发现，“至少有些选择发生在种群中已经存在的遗传变异上，而不是在新的突变上”，这正是德米特里所预测的。[12] 大部分的驯化研究揭示，像狐狸的情况一样基因的表达——不只是基因的存在与否——才是驯化的关键。

关于对温顺的选择为什么会导致一系列其他新特征，亚当·威尔金斯（Adam Wilkins）、理查德·兰厄姆和特库姆塞·费奇（Tecumseh Fitch）提出一个很有说服力的新理论，这也为德米特里的去稳定选择理论提供了一些支持。他们提出，一种叫作神经嵴细胞（neural crest cell）的干细胞发生的变化，可能有助于解释驯化物种共有的多种特征。在脊椎动物胚胎发育的早期，这些细胞沿着神经嵴（正在发育的胚胎中部神经元集中的部位）移动，然后迁移到身体的不同部位，如前脑、皮肤、颌骨、牙齿、喉头、耳朵和软骨。威尔金斯和他的同事们猜想，在对温顺的选择中，神经嵴细胞的数目会稍稍减少，而“大多数与驯化有关的改良性状，无论是生理上的还是心理上的都很容易解释为神经嵴细胞的缺失导致的直接后果，而其他性状则可以解释为间接后果。”[13] 个中原因还不清楚，但如果假设正确，可能就有助于解释驯化如何影响家养动物身上表现出来的一系列特征——斑点花纹、耷拉的耳朵、短缩的鼻子、繁殖的变化、卷曲的尾巴等。这是一个有趣的假设，需要进一步研究。

最终，狐狸实验将带来更多令人兴奋的发现。这个实验已经进行了60多年，对于一个生物实验来说，这是一个漫长的过程。但从进化的角度来看，60年只是一眨眼的工夫。如果实验进行100代会发生什么？500代呢？狐狸的温顺和它们与人类共同生活的习性，是否在程度上存在极限？它们的外表会变得多像狗？它们会变得多聪明？它们会成长为忠实的守护者吗？普什辛卡在黑暗中吠叫来提醒和保护柳德米拉，可能暗示了这种发展方向。也许——仅仅是也许，正如德米特里希望的那样，有关狐狸的研究最终将有助于解释，在染色体深处究竟发生了怎样的骚动，才让所有家养动物的祖先走上驯服之路——其中也包括人类的祖先。

关于狐狸的驯化，已经可以确定一点，那就是狐狸已经成为人类可以朝夕共处的新型爱宠。事实上，这是柳德米拉对她的狐狸最大的期望，用她的话来说，它们已经变成了“优雅、蓬松、迷人的小淘气”。

2010年，柳德米拉开始认真考虑人们是否愿意买温顺的狐狸当宠物，许多狐狸已经被俄罗斯、西欧和北美的家庭收养，并与他们幸福地生活在一起。狐狸的主人有时会写信给柳德米拉，告诉她狐狸在他们家中生活的最新情况，这让她很高兴。她喜欢偶尔把这些信拿出来再读一遍，微笑着看狐狸主人叙述它们胡闹的场景，以及他们对狐狸的喜爱。

一对美国夫妇收养了两只狐狸，分别叫尤里（Yuri）和斯嘉丽（Scarlet）。他们最近来信说，这对狐狸“在一起玩得很好，都很外向，还喜欢出去见世面！”[14] 另一封不久前刚收到信上提到一只名叫阿尔西（Arsi）的狐狸死里逃生的经历：“阿尔西大约一周前出了点小事故。它几天不吃东西，呕吐了好几次。我带它去兽医那里做了血液检查和 X 光检查。兽医从它的嘴里取下一块 V 形胶皮玩具，应该是从我给它买的球上面掉下来的。这就像照顾孩子一样，因为它们确实把所有东西都放进嘴里！”

所有的信对柳德米拉而言都很特别，但其中有一封最为独特。信的开头写道：“你好，柳德米拉，我很开心。”写信的人收养了一只名叫阿迪斯（Adis）的狐狸，他汇报说：“阿迪斯太棒了。每当我下班回家时，它就会摇尾巴，还喜欢亲我。”[15]“亲我”，柳德米拉每次读到这封信，都会想：太棒了。如果德米特里还在，他会多开心啊。

2016 年，柳德米拉过完 83 岁生日，仍然每天和狐狸一起工作。圣-埃克苏佩里的《小王子》中，狐狸说过一句箴言：“必须对你驯服的东西负责。”这正是柳德米拉一直以来坚守的信念。她的梦想是为狐狸建立一个安全和有爱的未来。“我希望有可能让它们正式成为一种新的宠物，”柳德米拉说：“总有一天我会走的，但是我希望我的狐狸永远活着。”她知道说服更多的人把狐狸带回家并不容易。但是容易对柳德米拉来说并不重要。容易从来都无关紧要。有没有机会才是关键。

致谢

首先，我们要尤其感谢德米特里·别利亚耶夫的远见，感谢他在 60 多年前发起一项大胆的银狐驯化实验。德米特里已经离去 30 多年，但是西伯利亚的狐狸研究小组几乎没有哪一天不在怀念这个了不起的人，希望他还在那里指导他们。他去世时没有太多遗憾，只有一点：他还没有写出他的畅销书《人类在制造一个新朋友》（*Man Is Making a New Friend*），这个书名其实是本书讲述的核心。如果和被驯服的狐狸对视过，被它们可爱的舌头舔过，见过它们摇动毛茸茸的尾巴，没有人会怀疑这一点：人类确实交到了一个可爱的、忠诚的新朋友。

谈及所有帮助我们完成这本书的人，一时竟不知如何开始。我们深切地感谢柳德米拉的朋友兼同事塔玛拉·库珠托娃，她从很早就开始参与实验。还要诚挚地感谢叶卡捷琳娜·奥梅尔琴科，她多年来深挖实验数据并创建了一个电子数据库。感谢帕维尔·博罗丁、阿纳托利·鲁文斯基、迈克尔（米夏）·别利亚耶夫、尼古拉·别利亚耶夫、斯维特拉娜·阿古廷斯卡娅、阿卡迪·马克尔多年来作为柳德米拉的同事和朋友所做的一切。

在整个实验过程中，数百名研究人员以这样或那样的方式参与其中，虽然我们不能一一感谢，但在此不能不提到这些人的名字：伊琳娜·普柳斯尼纳、伊琳娜·奥斯基纳、柳德米拉·普拉索洛娃、拉丽莎·瓦西里耶娃、拉丽莎·科列斯尼科娃、阿纳斯塔西娅·哈拉莫娃、里玛·古列维奇、尤里·格尔贝克、柳德米拉·孔德里娜、克劳迪亚·西多罗娃、瓦西里·埃瓦金（狐狸养殖场负责人）、叶卡捷琳娜·布达什基纳、娜塔莎·瓦西里耶夫斯卡娅、伊琳娜·穆哈梅德希纳、达尔贾·谢佩列娃、阿纳斯塔西娅·弗拉基米罗娃、斯维特拉娜·希赫维奇、伊琳娜·皮沃瓦洛娃、塔贾娜·塞门诺娃和维拉·乔斯托娃（长期担任狐狸实验的兽医），感谢他们出色的工作。我们也非常感谢温亚和加利娅·埃萨科维夫妇对狐狸可可的喜爱、关心和善待，可可一生大部分时间都和他们共同度过。

虽然看起来有点奇怪，但作为合著者，我们要感谢彼此。李·阿兰想谢谢柳德米拉的友善，感谢她让他有机会参与有史以来最重要的一项科学实验，有机会了解所有参与这项工作的杰出人士。柳德米拉也想感谢李·阿兰的友谊，感谢李·阿兰不畏路途遥远、时间漫长，不止一次来到狐狸养殖场拜访她，与她深爱的狐狸们见面，听德米特里的许多密友和同事回忆他的往事，讲述狐狸驯化实验得出新发现的那些激动人心的时刻。

感谢以下接受采访的人让我们了解他们对作品中相关人员、奇妙的狐狸和开创性科学的看法：阿纳托利·鲁文斯基、帕维尔·博罗丁、迈克尔（米夏）·别利亚耶夫、尼古拉·别利亚耶夫、拉丽莎·瓦西里耶娃、瓦莱里·索伊夫、加利娜·基斯莱瓦、弗拉基米尔·舒姆尼、拉丽莎·科列斯尼科娃、娜塔莉·德洛奈、安娜·库凯科娃、斯维特拉娜·戈戈列娃、伊利亚·鲁文斯基、尼古拉·科尔恰诺夫、L.V. 兹纳克、奥列格·特拉佩科夫、奥布里·曼宁、约翰·斯坎迪利斯、布莱恩·黑尔、戈登·拉克、弗朗西斯科·阿亚拉、伯特·赫尔多布勒、马克·贝科夫和戈登·伯格哈特。

在将近 60 年的时间里，每天都要饲养数以百计的狐狸，这是一项耗资巨大的工作。柳德米拉特别感谢从 1985 年到 2007 年担任细胞学和遗传学研究所所长的弗拉基米尔·舒姆尼，以及现任所长尼古拉·科尔恰诺夫。他们都提供了重要的经济援助，使狐狸研究在非常艰难的时期能够坚持下去。

还要感谢苏珊·拉比纳文学公司的苏珊·拉比纳，感谢她帮助我们塑造了本书呈现的内容。本书的编辑是芝加哥大学出版社的克里斯蒂·亨利，他保证了一如既往的出版质量，并一直很愉快地参与这个项目。同时要感谢克里斯蒂的助理编辑吉娜·瓦达斯、手稿的两位匿名审读者以及芝加哥大学出版社编辑委员会。帕维尔·博罗丁、卡尔·伯格斯特罗姆、亨利·布鲁姆、约翰·舒马特、亚伦·杜盖金、达娜·杜盖金、迈克尔·西姆斯，尤其是艾米莉·洛斯，也对本书的一些章节给予了宝贵的建议。达娜·杜盖金整理了采访记录并校对了大量手稿；我们感谢她所有的建议。感谢亚伦·杜盖金，他陪同李前往新西伯利亚的科技中心，整理采访记录，并与李在 Vkusnyy

Center 共进午餐，享用俄罗斯烤肉。当我们在科技中心时，弗拉基米尔・菲洛尼科担任了我们的随行翻译，伊戈尔・迪奥明带领我们的团队到处参观，让我们能在新西伯利亚满是冰雪的道路上顺利行进。离开西伯利亚之后，阿尔维诺学院的文化和语言顾问阿马尔・沙伊赫在俄语与英语的翻译上给了我们莫大的帮助。路易斯威尔大学的汤姆・杜姆斯托夫也在翻译上提供了帮助。

注释

1　一个大胆的想法

1. 此处，德米特里是受其学术偶像尼古拉·瓦维洛夫的影响，特别是瓦维洛夫提出的“同源系列法则”（Law of Homologous Series）。
2. 这种居民点即俄罗斯的小镇，俄语叫作“Poselok”(поселок)。
3. 瓦维洛夫的书中有总结：N. I. Vavilov, *Five Continents* (Rome: IPGRI, English translation, 1997)。
4. 瓦维洛夫研究所：http:// vir .nw .ru/history/vavilov .htm#expeditions。
5. S. C. Harland, “Nicolai Ivanovitch Vavilov, 1885–1942,” *Obituary Notices of Fellows of the Royal Society* 9 (1954): 259–264.
6. D. Joravsky, *The Lysenko Affair* (Cambridge: Harvard University Press, 1979); V. Soyfer, “The Consequences of Political Dictatorship for Russian Science,” *Nature Reviews Genetics* 2 (2001): 723–729; V. Soyfer, *Lysenko and the Tragedy of Soviet Science* (New Brunswick: Rutgers University Press, 1994); V. Soyfer, “New Light on the Lysenko Era,” *Nature* 339 (1989): 415–420.
7. 数据来自基辅农业研究所。
8. 数据来自基辅农业研究所。
9. Vitaly Fyodorovich.
10. Soyfer, *Lysenko and the Tragedy of Soviet Science*.
11. Soyfer, *Lysenko and the Tragedy of Soviet Science*, 56; *Pravda*, October 8, 1929, 引文见于 Soyfer, *Lysenko and the Tragedy of Soviet Science*。
12. *Pravda*, February 15, 1935; *Izvestia*, February 15, 1935. As cited in Joravsky, *The*

Lysenko Affair, 83, and Soyfer, *Lysenko and the Tragedy of Soviet Science*, 61.

13. Z. Medvedev, *The Rise and Fall of T. D. Lysenko* (New York: Columbia University Press, 1969).
14. Medvedev, *The Rise and Fall of T. D. Lysenko.*
15. P. Pringle, *The Murder of Nikolai Vavilov* (New York: Simon and Schuster, 2008), 5.
16. 该研究所成立于 1916 年，由一家私人慈善机构资助，隶属于人民健康委员会（People's Commissariat of Health）; S. G. Inge-Vechtomov and N. P. Bochkov, "An Outstanding Geneticist and Cell-Minded Person: On the Centenary of the Birth of Academician B. L. Astaurov," *Herald of the Russian Academy of Sciences* 74 (2004): 542–547.
17. S. Argutinskaya, "Memories," in *Dmitry Konstantinovich Belyaev*, ed. V. K. Shumny, P. Borodin, and A. Markel (Novosibirsk: Russian Academy of Sciences, 2002), 5–71.
18. Argutinskaya, "Memories." 他们的儿子只能自己照顾自己，最后被一个阿姨收养。
19. Joravsky, *The Lysenko Affair*, 137.
20. T. Lysenko, "The Situation in the Science of Biology" (address to the All-Union Lenin Academy of Agricultural Sciences, July 31–August 7, 1948). 演说英文版全文可见于 http:// www.marxists .org /reference/archive /lysenko / works /1940s /report.htm。
21. 引自 1948 年会议的速记材料：*O polozhenii v biologicheskoi nauke. Stenograficheskii otchet sessi VASKhNILa 31 iiula-7 avgusta 1948.*
22. Argutinskaya, "Memories."
23. Argutinskaya, "Memories."

2 不再是"喷火龙"

1. K. Roed, O. Flagstad, M. Nieminen, O. Holand, M. Dwyer, N. Rov, and C. Via, "Genetic Analyses Reveal Independent Domestication Origins of Eurasian Reindeer," *Proceedings of the Royal Society of London B* 275 (2008): 1849–1855.

2. Soyfer, *Lysenko and the Tragedy of Soviet Science.*

3. 引文见于 *Scientific Siberia* (Moscow: Progress, 1970)。

4. 委员会的负责人是 M. A. Olshansky。

5. 特洛夫穆克关于赫鲁晓夫来访的回忆录：http:// www-sbras.nsc.ru/ HBC/2000 /n30-31/f7.html.

6. Ekaterina Budashkinah 与作者们的访谈，2012 年 1 月。

7. I. Poletaeva and Z. Zorina, "Extrapolation Ability in Animals and Its Possible Links to Exploration, Anxiety, and Novelty Seeking," in *Anticipation: Learning from the Past*," ed. M. Nadin (Berlin: Springer, 2015), 415-430.

3 恩贝尔的尾巴

1. D. Belyaev to M. Lerner, July 15, 1966. 引自美国哲学学会收藏的勒纳信件。

2. P. Josephson, *New Atlantis Revisited: Akademgorodok, The Siberian City of Science* (Princeton: Princeton University Press, 1997).

3. Josephson, *New Atlantis Revisited*, 110.

4. L. Trut, I. Oskina, and A. Kharlamova, "Animal Evolution during Domestication: The Domesticated Fox as a Model," *Bioessays* 31 (2009): 349-360.

5. "去稳定选择"一词在进化生物学中也有其他含义。

6. Tamara Kuzhutova 与作者们的访谈，2012 年 1 月。

7. M. Nagasawa et al., "Oxytocin- Gaze Positive Loop and the Coevolution of Human- Dog Bonds," *Science* 348 (2015): 333-336; A. Miklosi et al., "A Simple Reason for a Big Difference: Wolves Do Not Look Back at Humans, but Dogs Do," *Current Biology* 13 (2003): 763-766.

8. B. Hare and V. Woods, "We didn't domesticate dogs, they domesticated us," 2013, http://news.nationalgeographic.com/news/2013/03/130302-dog-domestic-evolution-science-wolf-wolves-human/.

9. C. Darwin, *The Expression of the Emotions in Man and Animals*, 2nd ed. (London: J. Murray, 1872).

10. N. Tinbergen, *The Study of Instinct* (Oxford: Clarendon Press, 1951); N. Tinbergen, "The Curious Behavior of the Stickleback," *Scientific American*

187 (1952): 22–26.

11. K. Lorenz, "Vergleichende Bewegungsstudien an Anatiden," *Journal fur Ornithologie* 89 (1941): 194–293; K. Lorenz, *King Solomon's Ring*, trans. Majorie Kerr Wilson (London: Methuen, 1961). 德文原文出版于 1949 年。

4 美梦

1. A. Forel, *The Social World of the Ants as Compared to Man*, vol. 1 (New York: Albert and Charles Boni, 1929), 469.
2. T. Nishida and W. Wallauer, "Leaf-Pile Pulling: An Unusual Play Pattern in Wild Chimpanzees," *American Journal of Primatology* 60 (2003): 167–173.
3. A. Thornton and K. McAuliffe, "Teaching in Wild Meerkats," *Science* 313 (2006): 227–229.
4. B. Heinrich and T. Bugnyar, "Just How Smart Are Ravens?" *Scientific American* 296 (2007): 64–71; B. Heinrich and R. Smokler, "Play in Common Ravens (*Corvus corax*)," in *Animal Play: Evolutionary, Comparative and Ecological Perspectives*, ed. M. Bekoff and J. Byers (Cambridge: Cambridge University Press, 1998), 27–44; B. Heinrich, "Neophilia and Exploration in Juvenile Common Ravens, *Corvus corax*," *Animal Behaviour* 50 (1995): 695–704.
5. L. Trut, "A Long Life of Ideas," in *Dmitry Konstantinovich Belyaev*, 89–93.
6. D. Belyaev, A. Ruvinsky, and L. Trut, "Inherited Activation- Inactivation of the Star Gene in Foxes: Its Bearing on the Problem of Domestication," *Journal of Heredity* 72 (1981): 267–274.
7. 观察到的变异有 35% 是由遗传变异引起的：L. Trut and D. Belyaev, "The Role of Behavior in the Regulation of the Reproductive Function in Some Representatives of the Canidae Family," in *Vie Congres International de Reproduction et Insemination Artificielle* (Paris: Thibault, 1969), 1677–1680; L. Trut, "Early Canid Domestication: The Farm- Fox Experiment," *American Scientist* 87 (1999): 160–169.
8. F. Albert et al., "Phenotypic Differences in Behavior, Physiology and Neurochemistry between Rats Selected for Tameness and for Defensive Aggression towards Humans," *Hormones and Behavior* 53 (2008): 413–421.

9. Svetlana Gogolova 与作者们的电子邮件访谈。
10. Natasha Vasilevskaya 与作者们的访谈，2012 年 1 月。
11. 曼宁与作者们的 Skype 访谈。
12. 曼宁与作者们的 Skype 访谈。
13. 例如 John Fentress、J. P. Scott、Bert Höldobler、Patrick Bateson、Klaus Immelman 和 Robert Hinde。
14. Bert Höldobler 与作者们的Skype 访谈。Höldobler attended the 1971 meeting.
15. D. Belyaev, "Domestication: Plant and Animal," in *Encyclopedia Britannica*, vol. 5 (Chicago: Encyclopedia Britannica, 1974): 936–942.
16. R. Levins, "Genetics and Hunger," *Genetics* 78 (1974): 67–76; G. S. Stent, "Dilemma of Science and Morals," *Genetics* 78 (1974): 41–51.
17. *Genetics* 79 (June 1975 supplement): 5.
18. S. Argutinskaya, "D. K. Belyaev, 1917–1985, from the First Steps to Founding the Institute of Cytology and Genetics of Siberian Branch of the Russian Academy of Sciences of USSR (ICGSBRAS)," *Genetika* 33 (1997): 1030–1043.

5　幸福的一家

1. P. McConnell, *For the Love of a Dog* (New York: Ballantine, 2007).
2. A. Horowitz, "Disambiguating the 'Guilty Look': Salient Prompts to a Familiar Dog Behavior," *Behavioural Processes* 81 (2009): 447–452; C. Darwin, *The Expression of Emotions in Man and Animals* (London: J. Murray, 1872); K. Lorenz, *Man Meets Dog* (Methuen: London, 1954); H. E. Whitely, *Understanding and Training Your Dog or Puppy* (Santa Fe: Sunstone, 2006); D. Cheney and R. Seyfarth, *Baboon Metaphysics: The Evolution of a Social Mind* (Chicago: University of Chicago Press, 2007); F. De Waal, *Good Natured: The Origins of Right and Wrong in Humans and Other Animals* (Cambridge: Harvard University Press, 1997).
3. A. Horowitz, "Disambiguating the 'Guilty Look.'"
4. J. van Lawick-Goodall and H. van Lawick, *In the Shadow of Man* (New York: Houghton-Mifflin, 1971).

5. P. Miller, "Crusading for Chimps and Humans," National Geographic website, December 1995, http:// s .ngm .com /1995 /12 /jane-goodall /goodall-text/1.

6 美妙的互动

1. A. Miklosi, *Dog Behaviour, Evolution, and Cognition* (Oxford: Oxford University Press, 2014).
2. M. Zeder, "Domestication and Early Agriculture in the Mediterranean Basin: Origins, Diffusion, and Impact," *Proceedings of the National Academy of Sciences* 15 (2008): 11587–11604; "Domestication Timeline," American Museum of Natural History website, http:// www. amnh.org /exhibitions /past-exhibitions/horse /domesticating-horses /domestication-timeline.
3. M. Deer, "From the Cave to the Kennel," Wall Street Journal website, October 29, 2011, http:// www.wsj.com /articles /SB10001424052970203554104577001843790269560.
4. M. Germonpre et al., "Fossil Dogs and Wolves from Palaeolithic Sites in Belgium, the Ukraine and Russia: Osteometry, Ancient DNA and Stable Isotopes," *Journal of Archaeological Science* 36 (2009): 473–490.
5. E. Axelsson et al., "The Genomic Signature of Dog Domestication Reveals Adaptation to a Starch- Rich Diet," *Nature* 495 (2013): 360–364.
6. R. Bridges, "Neuroendocrine Regulation of Maternal Behavior," *Frontiers in Neuroendocrinology* 36 (2015): 178–196; R. Feldman, "The Adaptive Human Parental Brain: Implications for Children's Social Development," *Trends in Neurosciences* 38 (2015): 387–399; J. Rilling and L. Young, "The Biology of Mammalian Parenting and Its Effect on Offspring Social Development," *Science* 345 (2014): 771–776.
7. S. Kim et al., "Maternal Oxytocin Response Predicts Mother-to-Infant Gaze," *Brain Research* 1580 (2014):133–142; S. Dickstein et al., "Social Referencing and the Security of Attachment," *Infant Behavior & Development* 7 (1984): 507–516.
8. J. Odendaal and R. Meintjes, "Neurophysiological Correlates of Affiliative Behaviour between Humans and Dogs," *Veterinary Journal* 165 (2003): 296–

301; S. Mitsui et al., "Urinary Oxytocin as a Noninvasive Biomarker of Positive Emotion in Dogs," *Hormones and Behavior* 60 (2011): 239–243.

9. M. Nagasawa et al., "Oxytocin-Gaze Positive Loop and the Coevolution of Human-Dog Bonds"; M. Nagasawa et al., "Dog's Gaze at Its Owner Increases Owner's Urinary Oxytocin during Social Interaction," *Hormones and Behavior* 55 (2009): 434–441.
10. "血清素"这个名称直到后来才被采用。
11. G. Z. Wang et al., "The Genomics of Selection in Dogs and the Parallel Evolution between Dogs and Humans," *Nature Communications* 4 (2013), DOI:10.1038/ncomms2814.
12. 笛卡尔在 1640 年 1 月 29 日的信中所写；参见 Descartes's *View of the Pineal Gland* in "The Stanford Encyclopedia of Philosophy," http:// plato.stanford. edu /entries /pineal-gland/#2。
13. 拉丽莎与作者们的电话访谈。
14. 拉丽莎与作者们的电话访谈。
15. L. Kolesnikova et al., "Changes in Morphology of Silver Fox Pineal Gland at Domestication," *Zhurnal Obshchei Biologii* 49 (1988): 487–492; L. Kolesnikova et al., "Circadian Dynamics of Biochemical Activity in the Epiphysis of Silver-Black Foxes," *Izvestiya Akademii Nauk Seriya Biologicheskaya* (May-June 1997): 380–384; L. Kolesnikova, "Characteristics of the Circadian Rhythm of Pineal Gland Biosynthetic Activity in Relatively Wild and Domesticated Silver Foxes," *Genetika* 33 (1997): 1144–1148; L. Kolesnikova et al., "The Melatonin Content of the Tissues of Relatively Wild and Domesticated Silver Foxes *Vulpes fulvus*," *Zhurnal Evoliutsionnoĭ Biokhimii i Fiziologii* 29 (1993): 482–496.
16. 斯坎迪利斯与作者们的电话访谈。
17. N. Tsitsin, "Presidential Address: The Present State and Prospects of Genetics," in *XIV International Congress of Genetics*, ed. D. K. Belyaev, vol. 1 (Moscow: MIR Publishers, 1978), 20.
18. 佩内洛普的日记，作者们与她的私下交流。
19. M. King and A. Wilson, "Evolution in Two Levels in Humans and Chimpanzees,"

Science 188 (1975): 107–116; 谈到基因表达和突变时，他们归因于与点突变相关的变化。

20. 曼宁与作者们的 Skype 访谈。

21. 曼宁与作者们的 Skype 访谈。

7　语词及其意义

1. L. Mech and L. Boitani, eds., *Wolves: Behavior, Ecology, and Conservation* (Chicago: University of Chicago Press, 2007).

2. J. Goodall to W. Schleidt, 引文见于 "Coevolution of Humans and Canids," *Evolution and Cognition* 9 (2003): 57–72。

3. L. S. B. Leakey, "A New Fossil from Olduvai," *Nature* 184 (1959): 491–494.

4. 人类是在不同区域进化出来的，这种说法至今仍受到一些人的拥护，与学界占据主流的"走出非洲"假说争论激烈。不同区域进化假说认为，直立人离开非洲并进入新大陆的时间是单一的，即约 200 万年前，随后直立人种群分化并逐渐疏远，在过去的 200 多万年间，共同进化成现代人类。"走出非洲"假说认为人类有两次走出非洲的浪潮：约 200 万年前，直立人进入新大陆；约 10 万年前，则是智人。现代智人出现在非洲，在第二次占领世界的浪潮中，智人取代了欧洲和亚洲的原始人，如直立人和尼安德特人。引自 C. Bergstrom and L.Dugatkin, *Evolution* (New York: W. W. Norton, 2012)，有改动。

5. 后来修正为 320 万年前。

6. D. K. Belyaev, "On Some Factors in the Evolution of Hominids," *Voprosy Filosofii* 8 (1981): 69–77; D. K. Belyaev, "Genetics, Society and Personality," in *Genetics: New Frontiers: Proceedings of the XV International Congress of Genetics*, ed. V. Chopra (New York: Oxford University Press, 1984), 379–386.

7. 不过现在定年为 200 万年前到 150 万年前。

8. D. K. Belyaev, "On Some Factors in the Evolution of Hominids."

9. D. K. Belyaev, "Genetics, Society and Personality."

10. 在德米特里之前，人类自我驯化的概念只被偶尔提及，并没有系统详细的阐释。W. Bagehot, *Physics and Politics or Thoughts on the Application of the Principles of "Natural Selection" and "Inheritance" to Political Society* (London: Kegan Paul, Trench and Trubner, 1905). 此外，后来人类的自我驯化被用来

描述一个与德米特里所讨论的完全不同的过程：P. Wilson, *The Domestication of the Human Species* (New Haven: Yale University Press, 1991)。

11. B. Hare, V. Wobber, and R. Wrangham, "The Self-Domestication Hypothesis: Evolution of Bonobo Psychology Is Due to Selection against Aggression," *Animal Behaviour* 83 (2012): 573–585. 相关论文包括：B. Hare et al., "Tolerance Allows Bonobos to Outperform Chimpanzees on a Cooperative Task," *Current Biology* 17 (2007): 619–623; V. Wobber, R. Wrangham, and B. Hare, "Bonobos Exhibit Delayed Development of Social Behavior and Cognition Relative to Chimpanzees," *Current Biology* 20 (2010): 226–230; V. Wobber, R. Wrangham, and B. Hare, "Application of the Heterochrony Framework to the Study of Behavior and Cognition," *Communicative and Integrative Biology* 3 (2010): 337–339; R. Cieri et al., "Craniofacial Feminization, Social Tolerance, and the Origins of Behavioral Modernity," *Current Anthropology* 55 (2014): 419–443.
12. D. Quammen, "The Left Bank Ape," 美国国家地理网站，2013 年 3 月，http:// ngm.nationalgeographic.com /2013/03/125-bonobos/quammen-text.
13. 分布图可参见：http:// mappery.com /map-of/African-Great-Apes-Habitat-Range-Map.
14. J. Rilling et al., "Differences between Chimpanzees and Bonobos in Neural Systems Supporting Social Cognition," *Social Cognitive and Affective Neuroscience* 7 (2012): 369–379.
15. 正如德米特里认为的那样，也有一些证据表明，这些变化与倭黑猩猩的自我驯化有关，源于与应激激素系统相关的调节基因表达与节律的变化。基因调控在物种驯化中确切的作用尚不清楚：F. Albert et al., "A Comparison of Brain Gene Expression Levels in Domesticated and Wild Animals," *PLOS Genetics* 8 (2012)；黑尔等人在"自我驯化假说"中指出："对于自我驯化假说，在进化上还有一种可能的情形，就是观察到的行为差异，要归因于进化中选择了有严重攻击性的黑猩猩，而黑猩猩的祖先是类似倭黑猩猩的。同样，这两种黑猩猩属（*Pan*）的物种在理论上很有可能源于一个共同的祖先，其拥有这两个物种所具有的共同特征。但倭黑猩猩头骨的个体发生学驳斥了这些观点。黑猩猩头骨的发育过程，极其类似其远亲大猩猩的个体发生模式……而倭黑猩猩的头骨始终很小，无论是与黑猩猩相比，还是与包括南方古猿在内的所有其他类人猿相比，都更显幼态。”

16. P. Borodin, “Understanding the Person,” in *Dmitry Konstantinovich Belyaev*, 2002.
17. 尼古拉与作者们的 Skype 访谈。
18. 米沙与作者们的访谈。
19. 米沙与作者们的访谈。
20. Kogan in *Dmitry Konstantinovich Belyaev*, 2002.
21. D. Belyaev, “I Believe in the Goodness of Human Nature: Final Interview with the Late D. K. Belyaev,” *Voprosy Filosofii* 8 (1986): 93–94.

8 求救讯号

1. A. Miklosi, *Dog Behavior, Evolution, and Cognition.*
2. 通过减少肾上腺皮质的活动。
3. I. Plyusnina, I. Oskina, and L. Trut, “An Analysis of Fear and Aggression during Early Development of Behavior in Silver Foxes (*Vulpes vulpes*),” *Applied Animal Behaviour Science* 32 (1991): 253–268.
4. N. Popova, N. Voitenko, and L. Trut, “Change in Serotonin and 5-oxyindoleacetic Acid Content in Brain in Selection of Silver Foxes according to Behavior,” *Doklady Akademii Nauk SSSR* 223 (1975): 1498–1500; N. Popova et al., “Genetics and Phenogenetics of Hormonal Characteristics in Animals .7. Relationships between Brain Serotonin and Hypothalamo-pituitaryadrenal Axis in Emotional Stress in Domesticated and Non-domesticated Silver Foxes,” *Genetika* 16 (1980): 1865–1870.
5. 更确切地说，他们给狐狸注射了 L- 色氨酸，血清素的一种化学前体。
6. A. Chiodo and M. Owyang, “A Case Study of a Currency Crisis: The Russian Default of 1998,” *Federal Reserve Bank of St. Louis Review* (November/December 2002): 7–18.
7. L. Trut, “Early Canid Domestication,” 168.
8. John McGrew 致柳德米拉的信件。
9. Charles 和 Karen Townsend 致柳德米拉的信件。

10. *New York Times*, February 23, 1997.

11. 这些事件清晰的时间线可见于美国人类基因组研究所网站：http:// unlockinglifescode.org /timeline ?tid = 4.

9 像狐狸一样聪明

1. C. Rutz and J. H. St. Clair, "The Evolutionary Origins and Ecological Context of Tool Use in New Caledonian Crows," *Behavioural Process* 89 (2013): 153-165.

2. B. Klump et al., "Context-Dependent 'Safekeeping' of Foraging Tools in New Caledonian Crows," *Proceedings of the Royal Society B* 282 (2015), DOI:10.1098/rspb.2015.0278.

3. V. Pravosudovand and T. C. Roth, "Cognitive Ecology of Food Hoarding: The Evolution of Spatial Memory and the Hippocampus," *Annual Review of Ecology, Evolution, and Systematics* 44 (2013): 173-193.

4. J. Dally et al., "Food-Caching Western Scrub-Jays Keep Track of Who Was Watching When," *Science* 312 (2006): 1662-1665.

5. M. Wittlinger et al., "The Ant Odometer: Stepping on Stilts and Stumps," *Science* 312 (2006): 1965-1967; M. Wittlinger et al., "The Desert Ant Odometer: A Stride Integrator that Accounts for Stride Length and Walking Speed," *Journal of Experimental Biology* 210 (2007): 198-207.

6. B. Hare et al., "The Domestication of Social Cognition in Dogs," *Science* 298 (202):1634-1636. 黑尔在理查德·兰厄姆名下攻读学位时做了这些研究工作。他的博士论文题为"Using Comparative Studies of Primate and Canid Social Cognition to Model Our Miocene Minds" (Harvard University, 2004)。

7. S. Zuckerman, *The Social Life of Monkeys and Apes* (New York: Harcourt Brace, 1932).

8. G. Schino, "Grooming and Agonistic Support: A Meta- analysis of Primate Reciprocal Altruism," *Behavioral Ecology* 18 (2007): 115-120; E. Stammbach, "Group Responses to Specially Skilled Individuals in a Macaca fascicularis group," *Behaviour* 107 (1988): 687-705; F. de Waal, "Food Sharing and Reciprocal Obligations among Chimpanzees," *Human Evolution* 18 (1989):

433–459.
9. A. Harcourt and F. de Waal, eds., *Coalitions and Alliances in Humans and Other Animals* (Oxford: Oxford University, 1992).
10. C. Packer, "Reciprocal Altruism in *Papio anubis*," *Nature* 265 (1977): 441–443.
11. D. Cheney and R. Seyfarth, *How Monkeys See the World* (Chicago: University of Chicago, 1990).
12. Hare's own work on this subject includes Hare et al., "The Domestication of Social Cognition"; M. Tomasello, B. Hare, and T. Fogleman, "The Ontogeny of Gaze Following in Chimpanzees, *Pan troglodytes*, and Rhesus Macaques, *Macaca mulatta*," *Animal Behaviour* 61 (2001): 335–343; S. Itakura et al., "Chimpanzee Use of Human and Conspecific Social Cues to Locate Hidden Food," *Developmental Science* 2 (1999): 448–456; M. Tomasello, B. Hare, and B. Agnetta, "Chimpanzees, *Pan troglodytes*, Follow Gaze Direction Geometrically," *Animal Behaviour* 58 (1999): 769–777; B. Hare and M. Tomasello, "Domestic Dogs (*Canis familiaris*) Use Human and Conspecific Social Cues to Locate Hidden Food," *Journal of Comparative Psychology* 113 (1999): 173–177; M. Tomasello, J. Call, and B. Hare, "Five Primate Species Follow the Visual Gaze of Conspecifics," *Animal Behaviour* 55 (1998): 1063–1069.
13. A. Miklosi et al., "Use of Experimenter-Given Cues in Dogs," *Animal Cognition* 1 (1998): 113–121; A. Miklosi et al., "Intentional Behaviour in Dog- Human Communication: An Experimental Analysis of Showing Behaviour in the Dog," *Animal Cognition* 3 (2000): 159–166; K. Soproni et al., "Dogs' (*Canis familiaris*) Responsiveness to Human Pointing Gestures," *Journal of Comparative Psychology* 116 (2002): 27–34.
14. 关于狼在这些测试上的能力表现，一直存在争议：A. Miklosi et al., "A Simple Reason for a Big Difference"; A. Miklosi and K. Soproni, "A Comparative Analysis of Animals' Understanding of the Human Pointing Gesture," *Animal Cognition* 9 (2006): 81–93; M. Udell et al., "Wolves Outperform Dogs in Following Human Social Cues," *Animal Behaviour* 76

(2008): 1767–1773; C. Wynne, M. Udell, and K. A. Lord, "Ontogeny's Impacts on Human-Dog Communication," *Animal Behaviour* 76 (2008): E1–E4; J. Topal et al., "Differential Sensitivity to Human Communication in Dogs, Wolves, and Human Infants," *Science* 325 (2009): 1269–1272; M. Gacsi et al., "Explaining Dog/Wolf Differences in Utilizing Human Pointing Gestures: Selection for Synergistic Shifts in the Development of Some Social Skills," *PLOS ONE* 4 (2009), DOI.org /10.1371 /journal.pone. 0006584; B. Hare et al., "The Domestication Hypothesis for Dogs' Skills with Human Communication: A Response to Udell et al. (2008) and Wynne et al. (2008)," *Animal Behaviour* 79 (2010): E1–E6.

15. B. Hare, "The Domestication of Social Cognition in Dogs."
16. 黑尔与作者们的 Skype 访谈。
17. B. Hare and V. Woods, *The Genius of Dogs* (New York: Plume, 2013), 78–79.
18. B. Hare et al., "Social Cognitive Evolution in Captive Foxes Is a Correlated Byproduct of Experimental Domestication," *Current Biology* 15 (2005): 226–230.
19. 他们还做了其他实验，确保狐狸不能闻到那些藏起来的食物气味。
20. 黑尔与作者们的 Skype 访谈。
21. 43 只温顺组的狐狸和 32 只对照组狐狸。
22. 这不仅是因为对照组狐狸相对温顺组的狐狸更怕人且不乐意靠近人类，黑尔曾指示助手娜塔莉在实验前花时间和对照组狐狸相处，并做了额外的实验，确保这并非决定性的因素。
23. Hare and Woods, 87–88.
24. 伊琳娜・穆哈梅德希纳与作者们的访谈。
25. R. Seyfarth, "Vervet Monkey Alarm Calls: Semantic Communication in a Free-Ranging Primate," *Animal Behaviour* 28 (1980): 1070–1094.
26. 沃洛金研究了从鹤到地松鼠、狗以及条纹负鼠等多种生物的交流方式。
27. 斯维塔与作者们的电子邮件访谈。
28. S. Gogoleva et al., "To Bark or Not to Bark: Vocalizations by Red Foxes Selected for Tameness or Aggressiveness toward Humans," *Bioacoustics* 18 (2008): 99–132.
29. S. Gogoleva et al., "Explosive Vocal Activity for Attracting Human Attention

Is Related to Domestication in Silver Fox," *Behavioural Processes* 86 (2010): 216-221.

10 基因的骚动

1. 他们也用到了微卫星标记人（microsatellite markers）。
2. A. Kukekova et al., "A Marker Set for Construction of a Genetic Map of the Silver Fox (*Vulpes vulpes*)," *Journal of Heredity* 95 (2004): 185-194; A. Graphodatsky et al., "The Proto-oncogene C-KIT Maps to Canid B-Chromosomes," *Chromosome Research* 13 (2005): 113-122.
3. 320 loci. A. Kukekova et al., "A Meiotic Linkage Map of the Silver Fox, Aligned and Compared to the Canine Genome," *Genome Research* 17 (2007): 387-399.
4. 他们还将已有的发现与狗的基因组图谱进行了比较。他们发现，银狐体内的17条染色体与狗身上具有代表性的39条染色体之间的差异，是各种基因融合事件的结果。大多数狐狸的染色体融合了不止一条狗的染色体片段。
5. 美国精神卫生研究所，社会行为的分子机制，MH0077811, 08/01/07-07/31/11; 美国精神卫生研究所，温顺行为的分子遗传学，MH069688, 04/01/04-03/31/07.
6. K. Chase et al., "Genetic Basis for Systems of Skeletal Quantitative Traits: Principal Component Analysis of the Canid Skeleton," *Proceedings of the National Academy of Sciences of the United States of America* 99 (2002): 9930-9935; D. Carrier, K. Chase, and K. Lark, "Genetics of Canid Skeletal Variation: Size and Shape of the Pelvis," *Genome Research* 15 (2005): 1825-1830.
7. K. Chase et al., "Genetic Basis for Systems of Skeletal Quantitative Traits"; L. Trut et al., "Morphology and Behavior: Are They Coupled at the Genome Level?" in *The Dog and Its Genome*, ed. E. A. Ostrander, U. Giger, and K. Lindblad- Toh (Woodbury, NY: Cold Spring Harbor Laboratory Press, 2005), 81-93.
8. 利用遗传学家开发的数学模型，库凯科娃和柳德米拉制定了极其具体的繁殖方案，包括让温顺的狐狸与具有攻击性的狐狸交配三代，这样分子遗传分析就能最大限度地找到与温顺行为相关的基因；A. Kukekova et al., "Measurement of Segregating Behaviors in Experimental Silver Fox

Pedigrees," *Behavior Genetics* 38 (2008): 185–194.

9. A. Kukekova et al., "Sequence Comparison of Prefrontal Cortical Brain Transcriptome from a Tame and an Aggressive Silver Fox (*Vulpes vulpes*)," *BMC Genomics* 12 (2011): 482, DOI:10.1186/1471-2164-12-482. Preliminary work done here includes J. Lindberg et al., "Selection for Tameness Modulates the Expression of Heme Related Genes in Silver Foxes," *Behavioral and Brain Functions* 3 (2007), DOI:10.1186/1744-9081-3-18; J. Lindberg et al., "Selection for Tameness Has Changed Brain Gene Expression in Silver Foxes," *Current Biology* 15 (2005): R915–R916.

10. 早在德米特里那个时代，他就提出另外一些关于基因表达和驯化的观点。他提出，大量基因簇的表达影响驯化过程，而它们本身可能也受到少数“主调控基因”（master regulatory genes）的控制。如果确实如此，那么主调控基因可能同时控制狐狸驯化过程中出现的许多变化，如行为、皮毛颜色、激素水平、骨骼长度与宽度的变化。柳德米拉和库凯科娃知道，即使主调控基因存在，要找到它们也是很久以后的事。但是，对于心爱的狐狸，柳德米拉有信心制订一项似乎遥遥无期的计划。如果最终能找到在其他基因簇中控制表达的主调控基因，并对其进行测序，柳德米拉认为，狐狸研究小组或许就能“控制整个驯化过程”。

11. 这些基因为 *SOX6* 和 *PROM1*: F. Albert et al., "A Comparison of Brain Gene Expression Levels in Domesticated and Wild Animals," *PLOS Genetics* 8 (2012), doi.org /10 .1371 /journal.pgen.1002962.

12. M. Carneiro et al., "Rabbit Genome Analysis Reveals a Polygenic Basis for Phenotypic Change during Domestication," *Science* 345 (2014): 1074–1079.

13. A. Wilkins, R. Wrangham, and T. Fitch, "The 'Domestication Syndrome' in Mammals: A Unified Explanation Based on Neural Crest Cell Behavior and Genetics," *Genetics* 197 (2014): 795–808.

14. Rene 和 Mitchell 致柳德米拉的信件。

15. Moiseev Dmitry 致柳德米拉的信件。

索引

自 然 文 库

N a t u r e

S e r i e s

鲜花帝国——鲜花育种、栽培与售卖的秘密
艾米·斯图尔特 著　宋博 译

看不见的森林——林中自然笔记
戴维·乔治·哈斯凯尔 著　熊姣 译

一平方英寸的寂静
戈登·汉普顿 约翰·葛洛斯曼 著　陈雅云 译

种子的故事
乔纳森·西尔弗顿 著　徐嘉妍 译

醉酒的植物学家——创造了世界名酒的植物
艾米·斯图尔特 著　刘夙 译

探寻自然的秩序——从林奈到E.O.威尔逊的博物学传统
保罗·劳伦斯·法伯 著　杨莎 译

羽毛——自然演化的奇迹
托尔·汉森 著　赵敏 冯骐 译

鸟的感官
蒂姆·伯克黑德 卡特里娜·范·赫劳 著　沈成 译

盖娅时代——地球传记
詹姆斯·拉伍洛克 著　肖显静 范祥东 译

树的秘密生活
科林·塔奇 著　姚玉枝 彭文 张海云 译

沙乡年鉴
奥尔多·利奥波德 著　侯文蕙 译

加拉帕戈斯群岛——演化论的朝圣之旅
亨利·尼克尔斯 著　林强 刘莹 译

山楂树传奇——远古以来的食物、药品和精神食粮
比尔·沃恩 著　侯畅 译

狗知道答案——工作犬背后的科学和奇迹
凯特·沃伦 著　林强 译

全球森林——树能拯救我们的40种方式
戴安娜·贝雷斯福德-克勒格尔 著　李盎然 译　周玮 校

地球上的性——动物繁殖那些事
朱尔斯·霍华德 著　韩宁 金箍儿 译

彩虹尘埃——与那些蝴蝶相遇
彼得·马伦 著　罗心宇 译

千里走海湾
约翰·缪尔 著　侯文蕙 译

了不起的动物乐团
伯尼·克劳斯 著　卢超 译

餐桌植物简史——蔬果、谷物和香料的栽培与演变
约翰·沃伦 著　陈莹婷 译

树木之歌
戴维·乔治·哈斯凯尔 著　朱诗逸 译　林强 孙才真 审校

刺猬、狐狸与博士的印痕——弥合科学与人文学科间的裂隙
斯蒂芬·杰·古尔德 著　杨莎 译

剥开鸟蛋的秘密
蒂姆·伯克黑德 著　朱磊 胡运彪 译

绝境——滨鹬与鲎的史诗旅程
黛博拉·克莱默 著　施雨洁 译　杨子悠 校

神奇的花园——探寻植物的食色及其他
露丝·卡辛格 著　陈阳 侯畅 译

种子的自我修养
尼古拉斯·哈伯德 著　阿黛 译

流浪猫战争——萌宠杀手的生态影响
彼得·P.马拉 克里斯·桑泰拉 著　周玮 译

死亡区域——野生动物出没的地方
菲利普·林伯里 著　陈宇飞 吴倩 译

达芬奇的贝壳山和沃尔姆斯会议
斯蒂芬·杰·古尔德 著　傅强 张锋 译

新生命史——生命起源和演化的革命性解读
彼得·沃德 乔·克什维克 著　李虎 王春艳 译

蕨类植物的秘密生活
罗宾·C.莫兰 著　武玉东 蒋蕾 译

图提拉——一座新西兰羊场的故事
赫伯特·格思里-史密斯 著　许修棋 译

野性与温情——动物父母的自我修养
珍妮弗·L.沃多琳 著　李玉珊 译

吉尔伯特·怀特传——《塞耳彭博物志》背后的故事
理查德·梅比 著　余梦婷 译

稀有地球——为什么复杂生命在宇宙中如此罕见
彼得·沃德 唐纳德·布朗利 著　刘夙 译

寻找金丝雀树——关于一位科学家、一株柏树和一个不断变化的世界的故事
劳伦·E.奥克斯 著　李可欣 译

寻鲸记
菲利普·霍尔 著　傅临春 译

众神的怪兽——在历史和思想丛林里的食人动物
大卫·奎曼 著　刘炎林 译

人类为何奔跑——那些动物教会我的跑步和生活之道
贝恩德·海因里希 著　王金 译

寻径林间——关于蘑菇和悲伤
龙·利特·伍恩 著　傅力 译

编结茅香——来自印第安文明的古老智慧与植物的启迪
罗宾·沃尔·基默尔 著　侯畅 译

魔豆——大豆在美国的崛起
马修·罗思 著　刘夙 译

荒野之声——地球音乐的繁盛与寂灭
戴维·乔治·哈斯凯尔 著　熊姣 译

昔日的世界——地质学家眼中的美洲大陆
约翰·麦克菲 著　王清晨 译

寂静的石头——喜马拉雅科考随笔
乔治·夏勒 著　姚雪霏 陈翀 译

血缘——尼安德特人的生死、爱恨与艺术
丽贝卡·雷格·赛克斯 著　李小涛 译

苔藓森林
罗宾·沃尔·基默尔 著　孙才真 译 张力 审订

发现新物种——地球生命探索中的荣耀和疯狂
理查德·康尼夫 著　林强 译

年轮里的世界史
瓦莱丽·特鲁埃 著　许晨曦 安文玲 译

杂草、玫瑰与土拨鼠——花园如何教育了我
迈克尔·波伦 著　林庆新 马月 译

三叶虫——演化的见证者
理查德·福提 著　孙智新 译

寻找我们的鱼类祖先——四亿年前的演化之谜
萨曼莎·温伯格 著　卢静 译

鲜花人类学
杰克·古迪 著　刘夙 胡永红 译

聆听冰川——冒险、荒野和生命的故事
杰玛·沃德姆 著　姚雪霏等 译

驯狐记——西伯利亚的跳跃进化故事
李·阿兰·杜盖金 柳德米拉·特鲁特 著　孙思清 柯遵科 译

图书在版编目（CIP）数据

驯狐记：西伯利亚的跳跃进化故事 /（美）李·阿兰·杜盖金，（俄罗斯）柳德米拉·特鲁特著；孙思清，柯遵科译．—北京：商务印书馆，2024
（自然文库）
ISBN 978-7-100-23914-1

Ⅰ．①驯… Ⅱ．①李… ②柳… ③孙… ④柯… Ⅲ．①狐—饲养管理 Ⅳ．① S865.2

中国国家版本馆 CIP 数据核字（2024）第 087089 号

自然文库
驯狐记：西伯利亚的跳跃进化故事
〔美〕李·阿兰·杜盖金
〔俄〕柳德米拉·特鲁特 著
孙思清 柯遵科 译

商 务 印 书 馆 出 版
（北京王府井大街 36 号 邮政编码 100710）
商 务 印 书 馆 发 行
北京新华印刷有限公司印刷
ISBN 978 - 7 - 100 - 23914 - 1

2024 年 8 月第 1 版 开本 880 × 1230 1/32
2024 年 8 月北京第 1 次印刷 印张 $7^{3}/_{4}$
定价：52.00 元